U0337669

国家自然科学基金面上项目(51674016)资助
国家自然科学基金重点项目(51534002)资助

冲击-突出双危工作面
动力灾害机理与防控技术

李　铁　任春星　兀帅东　著

中国矿业大学出版社

·徐州·

内 容 提 要

本书聚焦于深部煤矿冲击地压和煤与瓦斯突出双重危险工作面动力灾害机理及防治技术问题,以国家自然科学基金项目和动力灾害防治项目为依托,针对灾害力学机制、灾变条件、路径、耦合破裂模式、灾变危险性判定方法与指标、灾害一体化控制技术原理等问题,应用多学科交叉融合的理论、方法与技术,开展了系统的研究,内容丰富、资料翔实、理论性强、应用价值高,可供安全科学与工程、矿业工程等专业领域科研、教学和工程技术人员参阅。

图书在版编目(C I P)数据

冲击-突出双危工作面动力灾害机理与防控技术/李铁,任春星,兀帅东著. —徐州:中国矿业大学出版社,2021.10

ISBN 978 - 7 - 5646 - 5186 - 2

Ⅰ. ①冲… Ⅱ. ①李… ②任… ③兀… Ⅲ. ①煤矿—冲击地压—灾害防治 Ⅳ. ①TD324

中国版本图书馆 CIP 数据核字(2021)第 210559 号

书　　名	**冲击-突出双危工作面动力灾害机理与防控技术**
著　　者	李　铁　任春星　兀帅东
责任编辑	何晓明
出版发行	中国矿业大学出版社有限责任公司
	(江苏省徐州市解放南路　邮编 221008)
营销热线	(0516)83884103　83885105
出版服务	(0516)83995789　83884920
网　　址	http://www.cumtp.com　E-mail:cumtpvip@cumtp.com
印　　刷	徐州中矿大印发科技有限公司
开　　本	787 mm×1092 mm　1/16　印张 11.75　字数 293 千字
版次印次	2021 年 10 月第 1 版　2021 年 10 月第 1 次印刷
定　　价	46.00 元

(图书出现印装质量问题,本社负责调换)

前　言

　　我国以煤炭为主要能源,尽管石油、核能、风能和其他能源也在不断开发,但煤炭消费量占一次能源消费量的比重依然超过 50%。预计未来相当长时间内,支撑我国经济社会发展的能源仍将以煤炭为主,因此煤炭安全高效开采将是持续的热点研究问题。

　　煤与瓦斯突出是煤矿开采过程中可造成群死群伤的重大工程灾害之一,严重威胁着煤矿的安全生产。中华人民共和国成立以来,党和政府高度重视煤矿安全生产,在治理煤与瓦斯突出方面投入了大量人力、物力、财力,取得了丰硕的研究成果,为煤矿安全开采提供了强有力的技术保障。浅部开采煤与瓦斯突出治理的成效显著,但是进入深部开采后,已基本取得共识的煤与瓦斯突出致灾机理和防治措施失效问题渐显,未达危险临界值的低指标煤与瓦斯突出现象不断发生。统计数据显示,2003—2018 年的 15 年间,我国共发生煤与瓦斯突出事故 357 起,死亡 2 461 人。发生煤与瓦斯突出事故案例的平均瓦斯含量为 7.4 m³/t,其中 53% 的煤与瓦斯突出事故发生时瓦斯含量小于 8 m³/t(《防治煤与瓦斯突出规定》的临界值)。按作业方式统计,爆破作业突出的平均瓦斯含量为 6.79 m³/t,瓦斯压力小于 0.74 MPa 的占比为 41%;割煤作业突出的平均瓦斯含量为 7.83 m³/t,瓦斯压力小于 0.74 MPa 的占比为 19%;手镐作业突出的平均瓦斯含量为 5.76 m³/t,瓦斯压力小于 0.74 MPa 的占比为 43%;没有作业方式发生的突出事故平均瓦斯含量为 5.86 m³/t。这就令人费解,瓦斯能量显著不足,一定存在未被注意到的其他诱导致灾因素。

　　冲击地压也是煤矿开采过程中可造成群死群伤的重大工程灾害之一。1933 年,我国在抚顺胜利煤矿首次发生冲击地压。随着煤矿开采深度不断增加,发生冲击地压的煤矿数量同步增长,20 世纪 50、60、70 年代和 80 年代前半程,分别累计有 7、12、22、32 个煤矿发生过冲击地压。此后大量矿井进入深部开采阶段,冲击地压煤矿累计数加速增长。例如,2012 年有 142 个煤矿发生冲击地压,2017 年有 177 个煤矿发生冲击地压。甚至有些矿井,煤与瓦斯突出和冲击地压危险同时存在。但在浅部开采时,煤与瓦斯突出和冲击地压通常独立发生,鲜见两者相互作用和诱发的报道,因此衍生出煤与瓦斯突出和冲击地压两个平行发展的研究方向。

　　自 2000 年起,笔者在解读抚顺老虎台煤矿 40 余年的冲击地压现场调查记录时发现,当采掘达到一定深度后,冲击地压可以诱导瓦斯异常涌出或煤与瓦斯突出。统计分析显示,该矿采深 630 m 以浅,冲击地压未见引起瓦斯超限;630 m 采深,发生首例冲击地压诱导瓦斯异常涌出超限;710 m 采深,冲击地压诱导瓦斯异常涌出超限的案例开始增加,占比 5.8%。此后随采深增加,冲击地压诱导瓦斯异常涌出超限的案例占比增多,到 910 m 采深占比达到 46%,差不多一半数量的冲击地压诱导了瓦斯异常涌出超限。660 m 和 760 m 采深分别发生 2 次和 3 次煤与瓦斯突出,未见冲击地压的诱导作用;810 m、860 m、910 m 采深分别发生 5 次、6 次、4 次煤与瓦斯突出,其中分别有 1 次、2 次、3 次是由冲击地压诱导的。

随着开采深度增加和开采能力增强,开采条件发生了"四高一低"劣化,即:岩体应力增高,流体压力增高,开采扰动范围增大、强度增高,岩体对采动的应变响应敏感度增高,煤岩透气性降低。矿山动力灾害发展趋势呈现出"五个转变",即:由少转多,由弱转强,由局部转整体,由线性响应转非线性响应,由单一因素灾变转多因素耦合灾变。因此,深部高地应力和冲击地压动力主导的煤与瓦斯突出或瓦斯异常涌出将由过去的偶发和鲜见转为多发甚至常态化。

本书聚焦深部煤矿冲击地压和煤与瓦斯突出双重危险工作面动力灾害机理及防治技术,总结了笔者 20 余年来在这一方向的持续跟踪研究成果,以最新完成的国家自然科学基金重点和面上项目的研究成果为契机,针对煤与瓦斯突出煤层发生冲击地压的力学机制,冲击地压作用下含瓦斯煤层灾变的条件、路径、耦合破裂模式,远场强烈地震对含瓦斯煤层灾变的触发机制,冲击-突出双危工作面含瓦斯煤层灾变危险性判定方法与指标,含瓦斯煤层灾变一体化控制技术原理等问题进行了探讨与研究。

本书得到了国家自然科学基金委员会、义马煤业集团、抚顺矿业集团、中国平煤神马集团、淮北矿业集团、中国地震局、辽宁省地震局、抚顺市地震局等单位的大力支持;得到了科技部、教育部、自然资源部、应急管理部、煤炭工业协会、中国科学院、河南省人民政府等相关部门的大力支持,在此一并致以衷心的感谢!

由于水平有限,书中难免有不足之处,敬请读者不吝指正。

著　者

2021 年 9 月

目　录

第1章 绪 论

1.1 引言

冲击地压和煤与瓦斯突出是威胁煤矿开采安全的两大动力灾害。全球相关领域的科技工作者经过不懈探索和实践,为遏制矿山动力灾害做出了巨大的贡献,为保障煤矿生产安全提供了强有力的科技支撑。

冲击地压发生在强度高、质地硬、破坏程度低的煤层,而煤与瓦斯突出发生在强度低、质地软、破坏程度高的煤层。因此,在一个工作面中,冲击地压和煤与瓦斯突出不易具备同时发生的条件。以往浅部开采的实践也表明,冲击地压和煤与瓦斯突出基本各自独立发生,两者的相关性并不显著。鉴于上述原因,全球学术界在防治冲击地压和煤与瓦斯突出方面形成了两个基本平行发展的学科领域。

但是随着开采深度的增加、开采条件的劣化以及高速开采技术的发展和应用,一些煤矿的采区或工作面表现出冲击地压和煤与瓦斯突出共生、伴生或互为诱因的动力现象,尤其是冲击地压作用下使得未达到煤与瓦斯突出指标的含瓦斯煤层发生煤与瓦斯突出或瓦斯异常涌出,这超出了传统的认识。区域消突验证有效、局部消突效果检验有效的含瓦斯煤层,在冲击地压作用下低指标灾变,表现为传统的消突措施、危险性预测指标失效。

早期冲击地压与瓦斯异常涌出相关性的报道见于阿维尔申[1]和布霍依诺[2]的著作,书中讲述了德国莱茵-维斯特法尔矿区、哈乌斯克矿井和鲁尔矿区在发生冲击地压前后尽管已加大了通风,但瓦斯浓度仍然异常升高。他们曾提出是瓦斯诱发了冲击地压,还是冲击地压诱发了瓦斯,抑或两者兼而有之的质疑,但未见后续进一步相关研究的报道。

近20年来,冲击地压、矿震作用下诱发的煤矿瓦斯事故在我国陆续有报道出现,且呈增多态势。

辽宁省北票台吉煤矿竖井在1994—1995年870 m深度开采期间,井下监测到的17次冲击地压和矿震中有6次伴随瓦斯异常涌出,占比35.3%[3]。

黑龙江省鹤岗煤田在进入深部开采后,多次超过里氏3.0级矿震伴随瓦斯异常涌出[4]。鹤岗矿区存在瓦斯突出和冲击地压并存的现象,冲击地压和突出相互影响、相互联系[5]。

抚顺矿业集团的胜利煤矿、老虎台矿、龙凤煤矿属冲击地压和高瓦斯煤与瓦斯突出矿井,曾饱受煤与瓦斯动力灾害的困扰,历经几代人长期的开采实践和不懈努力,在防治煤(岩)、瓦斯等单一灾种动力灾害方面积累了丰富的经验,取得了良好的防灾减灾效果。但是,随着开采深度增加,各种煤岩瓦斯动力灾害间相互作用开始显现,由浅部的单一灾种成灾演变成多灾种的复合灾害,甚至引发次生灾害。1996年,龙凤煤矿冲击地压后粉尘剧增,造成爆炸事故。1997年5月28日,龙凤煤矿在封闭断层附近发生冲击地压,富集于断层内的大量高浓度瓦斯瞬间涌出,冲击震动导致金属器具撞击出火花,进而引起瓦斯爆炸,69 人遇难[6]。老虎台矿震动冲击显现诱发的瓦斯异常涌出和煤与瓦斯突出案例更多,且有随采深增加而增多的趋势[6-7]。

2005 年 2 月 14 日,阜新孙家湾煤矿发生一次里氏 2.7 级矿震,14 min 后发生特大瓦斯爆炸,214 名矿工遇难。事故的直接原因是冲击地压造成 3316 风道外段大量瓦斯异常涌出、3316 风道里段掘进工作面局部停风造成瓦斯积聚,瓦斯浓度达到爆炸界限[8]。

2006 年 3 月 19 日,平煤集团一矿己$_{15}$-17310 运输巷掘进时发生一起由冲击地压引起的煤与瓦斯动力现象。此前该矿三水平回风下山在施工到垂深 1 100 m 位置时,也曾发生过一次由冲击地压引起的煤岩瓦斯动力现象[9]。2007 年 11 月 12 日,平煤十矿己$_{15-16}$-24110 采煤工作面发生一起冲击地压诱导的煤与瓦斯突出,12 名矿工遇难[10-13]。

义煤集团新义煤矿是一突出矿井,其 11011 和 12011 工作面埋深约 620 m,在掘进过程中曾发生多次震动冲击诱导的瓦斯异常涌出[14-15]。义煤集团新安煤矿、淮北海孜煤矿也发生过类似的动力现象。

华亭煤业砚北煤矿、山能集团东滩煤矿、义煤集团千秋煤矿等低瓦斯矿井,在发生冲击地压后也曾造成瓦斯异常涌出超限,幸未酿成灾害。

突出煤层在掘进和开采前均要实施区域消突措施,达到消突指标才容许施工,而且通常在施工过程中还要补充实施局部消突措施。上述案例均发生在实施了消突措施并经效果检验和验证有效后的煤层中施工,即所谓的煤与瓦斯突出"低指标灾变"或"提前发动",当然也不能完全排除措施不到位、管理不到位的因素,从抚顺老虎台矿、平煤十矿、平煤十二矿、义煤新义矿、义煤新安矿、淮北海孜煤矿等事故案例中可以看出,冲击地压确实成了含瓦斯煤层灾变的主导因素。因此,在一定条件下,冲击地压和煤与瓦斯突出可以共生、伴生或互为诱因的现象已成不争的事实。

大量的事故案例和相关研究引起了国家层面对冲击地压和煤与瓦斯突出复合灾害的高度重视。原国家煤矿安全监察局于 2015 年 7 月 9 至 10 日在辽宁省抚顺市召开了"加强煤矿冲击地压及复杂动力灾害防治工作研讨会"。会议指出,随着我国煤矿开采深度不断加深、开采强度不断加大,冲击地压对煤矿安全生产的危害越来越大。特别是冲击地压常同煤与瓦斯突出等灾害叠加,已经成为威胁煤矿安全生产的重大灾害之一。因此,必须引起高度重视。

煤炭资源在国民经济建设与发展中具有不可替代的作用。我国煤矿的开采深度以 10～25 m/a 的速度向地下深部延展。随着浅部易采资源的开采殆尽,深部资源的开采将逐步成为我国煤炭资源开发的重点。目前已有数十对矿井采深达到或超过千米,深部煤炭资源将成为我国 21 世纪主体能源的后备保障。深部高瓦斯突出煤矿冲击地压诱导和激发的煤与瓦斯突出的危险性敏感指标变异、发生突然、成灾面积大、危害性高,易于发生低指标煤与瓦斯突出,使得人们疏于防范,导致突发性重大瓦斯事故,严重威胁采矿安全和煤炭工业的可持续发展。传统单一考虑煤与瓦斯突出的瓦斯治理理论和技术已不能满足深部复杂煤与瓦斯动力灾害治理的需要,开展冲击地压作用下瓦斯灾害成灾动力学机制的探索对认识新型瓦斯动力灾害机理和指导瓦斯灾害治理具有重要的学术价值和工程应用意义。

1.2 国内外研究现状及发展动态

冲击地压对煤与瓦斯系统灾变的作用逐渐引起学术与工程界的关注,一些学者开展了有益的探索。

阿维尔申[1]和布霍依诺[2]是公开文献中可以检索到的最早关注冲击地压与瓦斯异常涌出相关性的学者。

俄罗斯学者 A. T. 艾鲁尼[16]在其著作中提到了冲击地压伴有瓦斯涌出现象。

邹德蕴等[17]在煤岩变形破裂机理和工程技术实践的基础上,提出了采用普遍适用的能量准则建立冲击地压和煤与瓦斯突出统一的预测预报机制和工程防治技术路线,考虑了冲击地压和煤与瓦斯突出的综合治理。

潘一山等[18]对阜新煤田冲击地压和瓦斯的关系进行了研究,研究发现:在高瓦斯矿井中,加大瓦斯抽放量,使煤层中大量瓦斯经解吸、渗流而排出,改变了煤体的物理力学性质,造成了由瓦斯灾害向冲击地压事故的转变,冲击地压的频度和强度均明显增加;控制瓦斯抽放量可达到既降低瓦斯突出危险又避免冲击地压发生的目的;对有冲击地压危险倾向的煤层,采用煤层注水措施,可以改善因瓦斯抽放造成的煤体脆性增加的状况,降低冲击地压危险。

波兰 Ogieglo 等[19]研究了煤矿开采造成的矿山震动与采煤工作面和掘进巷道瓦斯涌出量之间的关系,研究发现:工作面附近的震动容易造成大量的瓦斯涌出;开采速度增加,矿山震动次数增加,瓦斯涌出量增加;高瓦斯矿井的震动极易造成大量瓦斯涌出。

李铁等[6-7,14,20]在煤矿开采实践和一系列研究中发现,冲击地压和矿震可以诱发瓦斯异常涌出和煤与瓦斯突出,进而诱发冲击地压;进入深部开采后,煤-瓦斯系统对外部附加动力的诱发作用显著,表明进入深部非线性岩体动力响应区后煤-瓦斯系统的敏感性增强,天然地震在条件适合情况下也可诱发煤矿瓦斯灾害;对冲击地压和煤与瓦斯突出耦合性灾害的成灾条件、成灾破裂模式和灾害类型开展了初步探索,提出在冲击地压分类中要考虑瓦斯的作用。

李忠华[21]指出,高瓦斯煤体发生冲击地压时,会在冲击点形成瓦斯卸压带。在瓦斯压力差和浓度差作用下,煤体内瓦斯的解吸、扩散和渗流同时进行,因此会有大量瓦斯涌出,并持续一段时间。瓦斯煤层冲击地压和煤与瓦斯突出的孕育过程是完全相似的,但发生过程和能量来源有很大区别。瓦斯煤层冲击地压是煤层变形系统整体受压失稳而发生的,而煤与瓦斯突出是拉性有效应力超过煤抗拉强度发生的拉伸失稳破坏。高瓦斯煤层冲击地压的发生条件与瓦斯压力和煤的力学性质有关。煤巷冲击地压的临界载荷随瓦斯压力增大而增加。采煤工作面冲击地压的临界载荷随有效应力系数和瓦斯压力增大而增加。

赵旭生[22]关注了低指标煤与瓦斯突出现象,在客观原因分析中提出了"突出主导因素改变"的问题,论述了进入高地应力区引发突出的主导因素发生变化的可能。

和雪松等[23-24]等研究指出,在高瓦斯煤矿,矿震与瓦斯突出存在密切的相关性,认为较大矿震加上瓦斯的低值延时响应可能是瓦斯突出的预警信号;部分矿震的成因除与应力增大有关外,还可能与超临界甲烷(可能还包括二氧化碳)在开采卸载过程中的解吸作用有关;提出一种假说,即被触发段落发生超临界流体的快速解吸,会引起孔隙压力急速增大。

孟贤正等[11]、吕有厂[25]注意到了有冲击地压危险的煤与瓦斯突出煤层采掘过程中,传统的煤与瓦斯突出危险性预测指标不可靠,需要注意冲击地压的作用。

胡千庭等[26]研究指出,突出的发动是围岩的突然失稳以及失稳煤岩的快速破坏和抛出,为认识冲击地压诱导煤与瓦斯突出提供了理论借鉴。

王振等[27]研究指出,随着采深的增加,高瓦斯煤层往往冲击地压和煤与瓦斯突出两种灾害并存,并相互诱发转化,从灾害的发生条件、能量来源和破坏形式等方面分析了高瓦斯煤层冲击地压和突出的异同点,从瓦斯、应力和煤岩的物理力学性质等方面讨论了两种灾害的诱发转化机制,提出了两种灾害在孕育发生和发展等不同阶段的诱发转化条件。

梁冰等[28]对不同掘进工艺下煤与瓦斯流固耦合数值模拟进行研究,指出炮掘对煤体的破坏能力大于机掘;炮掘工艺下,爆破应力对煤体应力、位移的作用大于应力耦合的作用,证明了冲击震动对煤与瓦斯突出的诱发作用比较显著。

尹光志等[29-33]开展了地应力对突出煤与瓦斯渗流影响、煤岩全应力-应变过程中瓦斯流动特性、不同卸围压速度对含瓦斯煤岩力学和瓦斯渗流特性影响、不同加卸载条件下含瓦斯煤岩力学特性、不同应力路径下含瓦斯煤岩渗流特性与声发射特征等一系列实验研究,为认识深部高应力环境含瓦斯煤层灾变提供了实验基础。

谢广祥等[34]对工作面煤层瓦斯压力与采动应力的耦合效应开展了研究,发现煤层瓦斯压力与采动应力具有典型的耦合效应,且呈正相关关系。瓦斯压力峰值位置超前于采动应力,在瓦斯压力峰值前瓦斯压力随采动应力呈现"双增"状态,易失稳引起动力灾变,揭示了煤层瓦斯压力与采动应力耦合作用的力学机理。

天然地震与煤矿瓦斯灾害在时间与空间上的一系列巧合事件,引起了学者对天然地震在大尺度范围能否引发煤矿瓦斯异常涌出问题的探索。

2000年11月25日,内蒙古呼伦贝尔煤业集团大雁煤业公司第二煤矿发生井下瓦斯爆炸事故,51人遇难[35]。2000年11月16日至12月2日,在大雁煤矿两条断裂带附近发生超过里氏3.0级地震5次,其中4.1级地震就有两次,距大雁煤矿震中距最小为66 km。

2001年11月14日,青海与新疆交界的昆仑山口西发生8.1级强地震。2001年11月14至22日,山西省连续发生5次煤矿瓦斯爆炸事故,99人丧生。

2002年6月29日,吉林省汪清发生7.2级深源(570 km)地震。此前的6月20日,在距震中210 km的鸡西矿业集团城子河煤矿发生瓦斯爆炸,115人遇难;此后的7月4日,在距震中340 km的吉林省白山市江源区松树镇富强煤矿发生瓦斯爆炸,39人遇难;7月8日,在距震中430 km的鹤岗市南山区鼎盛煤矿发生瓦斯爆炸,44人遇难。

2003年3月30日,沈阳市东陵发生里氏4.1级地震,抚顺地区普遍有感。几乎同时,渤海湾发生里氏5.1级地震,抚顺地区少数人有感。紧随其后,在距东陵地震震中116 km、距渤海湾地震震中390 km的抚顺市新宾县孟家沟煤矿发生瓦斯爆炸,25人遇难。

啜永清等[36]从地质构造与地震呼应关系角度分析,认为昆仑山口西8.1级地震时释放的应变能可能会对山西地区的构造应力场产生较大的影响。

梁汉东[37]认为,不论强地震是否发生在富煤区域,只要强地震前兆区域与富煤区域重合,与深部活动有关的强地震前兆就有可能对地下煤层产生附加影响,从而加剧地下采煤事故或灾害的发生。

郑文涛等[38]认为,煤矿瓦斯爆炸灾害与地震活动关系密切,控制煤矿区域的构造应力场及其变化是形成煤矿瓦斯异常乃至引起爆炸的重要致灾因素之一。

陈波等[39]对一系列地震与瓦斯灾害关系进行了分析,认为地震活动直接造成瓦斯储层的物理破坏,为瓦斯溢出提供了解吸和运移的条件,进而引起瓦斯超量溢出。

封富等[40]的研究表明,淮南地区 30 年来的地震和煤与瓦斯突出发生的频次有相同的趋势,两者具有相关性。

李铁等[41-42]对天然地震诱发煤矿瓦斯异常涌出和煤与瓦斯突出初步研究,认为地震能量具备导致煤矿瓦斯灾害成灾可能性,地震震中与含瓦斯矿井间需要有活动地质构造作为能量传递的通道,地震能量与对煤矿的影响半径间为正幂律函数关系,地震能量对煤矿有约小于 20 天的短周期调制作用,强烈地震在短期和临震阶段甚至产生大尺度地壳同步运动,存在大面积地下水异常的区域极有可能也是含瓦斯矿井敏感响应的区域。

综观目前的研究成果,含瓦斯煤层在外力作用下异常灾变问题的研究趋势朝三个方向发展:第一,冲击地压和煤与瓦斯突出在相同力源条件下,近场冲击地压过程导致的含瓦斯煤层灾变的力学机制、危险性判定与预测、灾害防治技术;第二,冲击地压(或矿震)和煤与瓦斯突出在不同力源条件下,远场冲击地压、强矿震能量传导和输入对含瓦斯煤层灾变的激发或诱导作用机理、能量传播与衰减规律、隔震与减震技术;第三,区域地震应力场对含瓦斯煤层响应及灾变的调制,在强烈地震预测中的作用以及在煤矿瓦斯灾害预测、预警中的作用。

本书以义马煤业集团新义矿、抚顺矿业集团老虎台矿、平煤集团十矿、淮北矿业集团海孜煤矿等长期合作的矿井为科学研究和工程实践的基地,采用高精度微震观测和分析系统、瓦斯监测和检测系统、煤体钻屑检测测试、煤与瓦斯流固耦合物理力学试验装置、煤与瓦斯流固耦合数值试验软件等技术手段和研究工具,通过国内外前沿理论与技术调研、理论分析、实证研究、现场试验等技术途径,考察冲击-突出双危工作面煤层灾变的物理力学过程,探索成灾的条件、含瓦斯煤层灾变破裂与瓦斯涌出模式和灾害类型,系统认识此类灾害成灾的物理力学机制,并由此延伸探索此类灾害危险性判定的方法与指标和灾害防治的技术原理,以期为治理矿井深部开采的新型瓦斯灾害提供理论与应用基础。

煤炭资源开采达到一定深度后,势必面临冲击地压、岩爆、矿震、煤与瓦斯突出、瓦斯异常涌出、透(突)水等一系列动压显现(动力灾害)中的一种或数种。在浅部,各种动力灾害通常独立发生,灾害间的相互作用不甚显著,未足以引起学术和工程界的广泛关注。进入深部开采后,煤矿动力灾害间的相互作用凸显,常表现出两种以上灾害复合发生,或产生其他次生灾害,使得动力灾害的发生机理更为复杂,灾害预测和防治的难度加大,导致开采条件恶化。在一种动力灾害的附加动力作用下,其他动力灾害可超常提前发动,使得人们疏于防范,易导致突发性重大灾害事故,对深部开采的煤矿生产安全构成重大威胁。

煤与瓦斯突出是地应力(通常指静力)与瓦斯膨胀能共同作用的观点已被广泛接受,只不过在不同类型突出中,两者对于突出的贡献程度畸轻畸重。

大量事故案例表明,达到一定条件后,煤岩瓦斯动力灾害间存在相互作用,表现出复合灾害和次生灾害,易于发生突发性重大灾害事故,但常规还是将冲击地压(矿震)和煤与瓦斯突出作为两个独立的研究方向平行开展研究和治理。虽然复合型煤岩瓦斯动力灾害已引起学术和工程界的关注,并开展了一系列相应的研究工作,但对成灾机理的认识还处于探索阶段,尚缺少关于成灾动力学机制的系统研究和认识,是深部开采治理新型复杂煤岩瓦斯动力灾害亟待探索和解决的工程科学问题。

深部高瓦斯煤矿的复合型煤岩瓦斯灾害发生突然、成灾面积大、危害性高,严重威胁采矿安全和煤炭工业的可持续发展。传统的单一灾种分别治理的理论基础和防治技术已不能满足深部多种力源复合或甚至耦合作用的煤与瓦斯动力灾害治理的需要,因此,开展深部开采条件下煤岩瓦斯复合型灾害机理与防治技术的探索具有重要的学术和工程应用价值。

第 2 章　突出煤层发生冲击地压的力学机制

　　在抚顺老虎台矿,高精度微震观测系统于 2003 年 5 月至 2004 年 9 月记录到 31 例伴随瓦斯异常涌出的矿震。其中,震前瓦斯异常涌出 5 例,同震瓦斯异常涌出 9 例,震后瓦斯异常涌出 17 例,分别占总数的 16%、29% 和 55%。图 2-1 显示了能够定位出震源深度的 24 个矿震的震中分布,震中距开采部位最远者为 2 630 m。其中绝大多数分布在开采区和距开采区 1 500 m 以内的老采空区,且集中分布在开采深度最大的 83001 工作面(海拔 −830 m,埋深 910 m)。

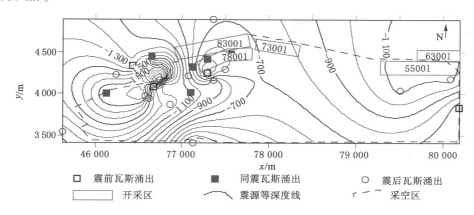

图 2-1　老虎台矿冲击地压-矿震过程诱导瓦斯异常涌出关系平面分布图

　　在综采支架和巷道支架间,该矿曾经每日定时取样化验气体浓度,发现矿震或冲击地压前后瓦斯浓度常高于背景值数倍。图 2-2、图 2-3 分别记录了 73001 工作面和 78002 工作面连续 4 个月和 5 个月的甲烷浓度化验日均值及与之对应的矿震时序分布。73001 工作面 2003 年 9 月 8 日至 10 月 5 日间,78002 工作面 2003 年 3 月 2 至 26 日间,甲烷浓度较低且稳定,此期间没有矿震发生。高甲烷浓度时段大都与矿震伴生,直观相关性较高且重现性强。

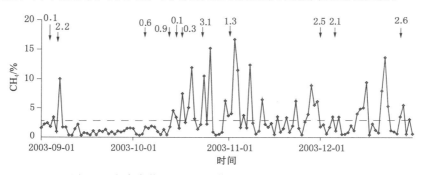

图 2-2　老虎台井田 73001 工作面架间甲烷浓度曲线图

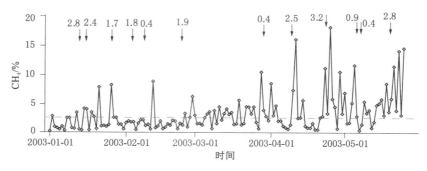

图 2-3　老虎台井田 78002 工作面架间甲烷浓度曲线图

上述现象是引发开展矿震、冲击地压过程诱导瓦斯异常涌出或煤与瓦斯突出研究的动因。

2.1　突出煤层发生冲击地压及诱发瓦斯灾害的应力条件

绝大多数煤与瓦斯突出矿井,在浅部开采时,煤层及其顶底板岩层鲜见发生冲击地压的报道。但是当开采达到一定深度后,突出煤层及其顶底板发生冲击地压的报道陆续可见,出现了冲击-突出双危新问题。为数不多的矿井,冲击地压和煤与瓦斯突出在浅部开采时就并存,但两者各自独立发生,关联性并不明显;开采到一定深度后,冲击地压诱导瓦斯异常涌出或煤与瓦斯突出开始显现,达到了冲击诱突的应力条件。下列两个矿开采中,煤与瓦斯动力现象显示出的特征深度反映了突出煤层发生冲击地压及冲击地压诱发煤与瓦斯灾害的一定规律。

2.1.1　抚顺老虎台矿冲击地压诱导瓦斯异常涌出的特征深度

抚顺老虎台矿煤层虽然具有强冲击倾向性,但直到 1949 年开采到 -225 m 水平、埋深约 300 m 时才发生首例冲击地压。

老虎台矿主采煤层为单一特厚煤层,自上而下分为二、三、四、五共 4 个自然分层,是向斜褶皱构造的一翼,由浅向深厚度逐渐增大,总厚度为 0.6~110.5 m,平均厚度为 55.55 m。煤层层理、节理发育,孔隙率大,透气性好,历年矿井瓦斯等鉴定时的相对瓦斯涌出量均在 40 m^3/t 以上。

老虎台井田内构造煤主要分布于本层煤三分层中,多见于井田西部,分布很不规律,沿煤层走向和倾向无变化规律,属粉状结构,力学强度低,实测构造软煤坚固性系数(f):55002 工作面平均为 0.42;73004 工作面平均为 0.46;83002 工作面平均为 0.36。井田内绝大多数煤与瓦斯突出、倾出和压出常发生于此煤层。开采到 -540 m 水平、埋深 620 m 左右时发生首例煤与瓦斯突出。

在 -580 m 水平、埋深 660 m 以浅,冲击地压和煤与瓦斯突出的发生未发现有相关性,各自独立成灾。开采到 -580 m 水平、埋深 660 m 时,发现首例冲击地压诱导瓦斯异常涌出超限;开采到 -680 m 水平、埋深 760 m 时,发现首例冲击地压诱导煤与瓦斯突出。此后,随着开采深度增加,冲击地压诱导瓦斯异常涌出超限和煤与瓦斯突出的占比逐渐增大。

通常,10^4 J 以上级别的矿震($M_L \geqslant 0.5$ 级,M_L 为里氏震级,下同)可造成煤体冲击式灾变。根据抚顺老虎台矿 1997 年 7 月至 2010 年 6 月间的科学观测数据和现场调查资料,发

现 $M_L \geqslant 0.5$ 级的矿震有 32 008 次,同期地下采场显现并调查到的冲击震动有 1 523 次,占比 4.76%,其中冲击地压和矿震过程中伴随瓦斯异常涌出超限的有 199 次,占比 13.1%,但它们在各深度的水平分布却极不均匀。

该矿此期间在 83001、78001、73001、63001 和 55001 工作面(海拔分别为 -830 m、-780 m、-730 m、-630 m 和 -550 m 水平,地表高程 +70~+100 m,下同)开采,伴随瓦斯超标的矿震在 -580 m 水平以上仅有一例;-630 m 水平以下(710 m 深度,$\sigma_1 = 29$ MPa)开始陆续出现,而 -780 m 水平以下显著增多(表 2-1)。进入 -780 m 水平,矿震发生后底板凸起、张裂隙丰富,瞬间从煤壁和采空区涌出大量高浓度瓦斯现象很普遍,靠近煤壁常可感受到快速运动的气流,底板积水处可见气泡翻滚。2000 年 4 月 30 日,78001 工作面三期运输巷准备工作面发生里氏 3.0 级矿震,7 min 后巷道瓦斯浓度接近 100%。

表 2-1　抚顺老虎台矿瓦斯超限与矿震和冲击地压复合发生比例统计

采深水平/m	埋藏深度/m	σ_1/MPa	震动显现次数/次	瓦斯超限次数/次	瓦斯超限占比/%
>-580	<660	<26.96	240	1	0.42
-630	710	29.00	291	18	6.2
-680	760	31.04	267	34	12.7
-730	810	33.08	208	10	4.8
-780	860	35.12	334	80	24.0
-830	910	37.16	183	56	30.6
合计			1 523	199	13.1

在 660~910 m 深度区间,得到矿震、冲击地压诱导瓦斯异常涌出事件的占比 P(%)与最大主应力 σ_1(MPa)的统计关系见式(2-1):

$$P = 2.750\ 7\sigma_1 - 75.067 \quad (R^2 = 0.784\ 4) \tag{2-1}$$

进入 -680 m 水平以下深部位开采时,冲击地压诱导煤与瓦斯突出开始显现,其占比与深度呈正比态势。该井田开采至 -540 m 水平时开始发生煤与瓦斯突出,1978—2003 年共发生强度不同的煤与瓦斯突出 21 次,其中冲击地压诱导的煤与瓦斯突出占 1/3,但均发生在 -680 m 水平($\sigma_1 = 31$ MPa)以下,而且冲击地压诱导的煤与瓦斯突出占比与采深同步增加,-830 m 水平尤为显著(表 2-2)。其统计趋势如图 2-4 所示。

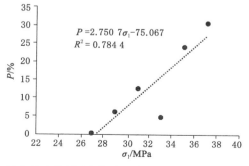

图 2-4　矿井冲击地压/矿震过程诱导瓦斯异常涌出统计趋势图

表 2-2　抚顺老虎台矿冲击地压和矿震诱导煤与瓦斯突出统计表

采深水平/m	埋藏深度/m	σ_1/MPa	煤与瓦斯突出次数/次	冲击地压诱导次数/次	冲击地压诱导占比/%
−540	620	25.3	1	0	0
−580	660	27.0	2	0	0
−680	760	31.0	3	1	33.3
−730	810	33.1	4	0	0
−780	860	35.1	7	3	42.6
−830	910	37.2	4	3	75
合计			21	7	33.3

在 660～910 m 深度区间,得到矿震和冲击地压复合瓦斯灾害的占比 P(%)与最大主应力 σ_1(MPa)的统计关系见式(2-2):
$$P = 5.346\ 8\sigma_1 - 143.01 \quad (R^2 = 0.643\ 1) \quad (2-2)$$
图 2-5 为矿井冲击地压/矿震过程诱导煤与瓦斯突出统计趋势图。上述数据显示,该矿在 660～760 m 深度区间,冲击地压或矿震诱发的瓦斯异常涌出或煤与瓦斯突出开始显现,该深度区间是该矿采动煤岩瓦斯动力响应发生质变的临界深度。

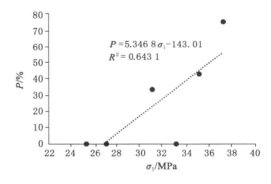

图 2-5　矿井冲击地压/矿震过程诱导煤与瓦斯突出统计趋势图

2.1.2　平煤十矿煤与瓦斯动力现象的特征深度

现场观测和调查显示,平煤十矿的煤与瓦斯突出存在三个发展阶段和三个特征深度。按煤岩瓦斯动力灾害发生的深度和强度特征,可分为煤岩-瓦斯系统的局部不稳定阶段、系统不稳定阶段、地应力主导与冲击地压诱导阶段。各阶段的主要特征如下。

局部不稳定阶段(第 Ⅰ 阶段):全部发生在戊组浅部煤层掘进巷道;埋藏深度 420～550 m,原岩地应力的环境强度不高,一般需要借助特殊的地质构造和采动应力才能具备发动突出的内能和初始推动力;全部为压出,表现为低煤、低瓦斯和低吨煤瓦斯的"三低"特征,反映出参与突出的总体作用力强度不高,瓦斯参与突出过程的贡献相对较低;发生的概率较低,具有偶发性特征。

系统不稳定阶段(第 Ⅱ 阶段):主要发生在丁$_{5.6}$-21130 开采工作面和戊组深部煤层掘进巷道;埋藏深度 550～750 m,原岩应力和瓦斯的作用增强,无须借助特殊的地质构造,即已具备发动突出的内能,采动应力可以成为突出的触发动力;表现为低煤、高瓦斯和高吨煤瓦斯的"一低两高"特征;除两次倾出外其余均为压出,其强度有所增强,瓦斯的作用比较显著,瓦斯内能是推动持续压出的主要动力;发生的概率较高,具有多发性特征。

地应力主导与冲击地压诱导阶段(第Ⅲ阶段):主要发生在己组煤层的掘进巷道,但在采面也有出现,而且煤与瓦斯绝对突出强度最大的一次发生在采煤工作面;埋藏深度一般大于 750 m,原岩应力的作用显著增强,无须借助特殊的地质构造即已具备发动突出的内能;表现为高煤、高瓦斯和低吨煤瓦斯的"两高一低"特征,煤和瓦斯的绝对强度大,瓦斯相对强度小,以狭义的突出类型为主,比较剧烈,反映出参与突出的总体作用力强度较高;初始推动力以地应力为主导,瓦斯参与了这一过程,并且是推动持续突出的主要动力,但其作用退居次要位置;开始发生冲击地压,并可诱导煤与瓦斯突出,成为主导突出的触发动力和诱导因素。

420 m、550 m、750 m 是平煤十矿煤岩瓦斯动力灾害的三个特征深度:① >420 m,开始发生突出,但属偶发性质;② >550 m,突出发生的概率显著增高,属多发性质;③ >750 m,地应力的主导作用凸显,地应力强度与煤岩体的本构关系渐趋非线性,即进入深部开采的临界深度,存在发生冲击地压并诱导煤与瓦斯突出的危险。

"突出"事件的吨煤瓦斯涌出量是判断是否突出的一个指标,也反映了瓦斯在突出作用中的相对贡献程度。根据《煤与瓦斯突出矿井鉴定规范》(AQ 1024—2006)[43]规定,当瓦斯动力现象的煤与瓦斯突出基本特征不明显,尚不能确定为或排除煤与瓦斯突出现象时,其中的一个判断指标是抛出煤的吨煤瓦斯涌出量是否大于等于 30 m^3/t。

上述三个阶段煤与瓦斯突出的吨煤瓦斯涌出量表现出"低-高-低"的特征(图 2-6)。

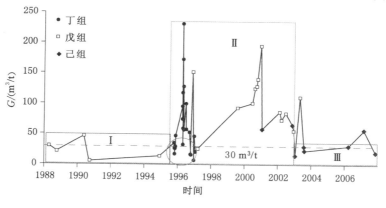

●—丁组;■—戊组;◆—己组。

图 2-6 煤与瓦斯突出时间-吨煤瓦斯涌出量分布图

第Ⅰ阶段,"突出"事件的吨煤瓦斯涌出量低于 30 m^3/次的占 80%,平均22.5 m^3/次。这一阶段的地应力强度、瓦斯压力和瓦斯含量均相对偏低,常规方法和技术的瓦斯抽放比较容易,因此表现出瓦斯参与突出的作用不甚显著,以压出和倾出为主,重力在诱突中的作用显著。

第Ⅱ阶段,"突出"事件的吨煤瓦斯涌出量普遍高于 50 m^3/次,平均 75.1 m^3/次,局部出现低值变异,占 19.4%。该阶段的地应力强度、瓦斯压力和瓦斯含量均相对增高,常规方法和技术的瓦斯抽放比较困难,瓦斯抽放新技术处于探索阶段,因此表现出瓦斯参与突出的作用比较显著,瓦斯成为发动突出的主导因素。

第Ⅲ阶段,"突出"事件的吨煤瓦斯涌出量低于 30 m³/次的占 71.4%,平均40.9 m³/次,是由于两次高瓦斯涌出量参与计算的结果。该阶段的地应力强度、瓦斯压力和瓦斯含量均相对较高,但通过"九五"瓦斯治理科技攻关,新的瓦斯抽放技术渐趋成熟,而应对地应力的技术准备尚不充分,因此表现出地应力参与突出的作用比较显著。该阶段的特征深度是750 m,这可能是平煤十矿"深部开采"的临界深度,存在发生冲击地压并诱导煤与瓦斯突出耦合型灾害的危险。

埋深超过 750 m 时,开始发生冲击地压及其诱导的煤与瓦斯突出。

戊₉-20180 工作面掘进期间,于 2008 年 11 月 16 日 16:10,在戊₉-20180 风巷 1827 点东侧小川附近、距风巷口约 570 m 处发生了一次底板冲击地压,发生位置如图 2-7 所示。

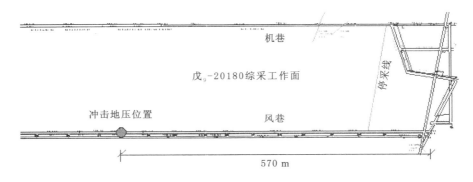

图 2-7　冲击地压发生位置图

冲击地压发生时,戊₉-20180 风巷两道风门之间作业人员听到强烈巨响,两道风门间有扬尘,锚喷巷道轻微掉渣,风门内 80 m 备棚的两帮掉渣。戊₉-20180 机巷作业人员听到强烈巨响。上车场的信号房人员听到沉闷有力的响声,响声过后大巷内有轻微扬尘和掉渣,未感到冲击波。中区三水平轨道上平台处有当班出勤 9 人听到巨大沉闷响声,有轻微冲击波弹但未见扬尘。现场可见煤层底板出现明显裂缝(图 2-8),木质立柱被折断(图 2-9),顶板下沉最大值为 27 cm(图 2-10),顶板锚网钢带被拉断(图 2-11),立柱陷入煤层底板33 cm(图 2-12)。

2007 年 11 月 12 日 2:45,在己₁₅₋₁₆-24110 工作面埋深 1 000 m 处发生一起底板冲击地压,并诱导了煤与瓦斯突出。

该矿的情况显示,750 m 是"深部开采"的临界深度,超过这一深度,地应力和冲击地压在发动瓦斯突出中的主导作用凸显。

2.1.3　突出煤层发生冲击地压的应力条件

上述两个矿井的现场观测数据分析显示,有突出危险的煤层及其顶底板岩石,当采深达到一定程度、地应力强度超某一临界状态时,可以发生冲击地压。根据特征深度分析,冲击地压诱导煤与瓦斯突出的应力条件,是煤岩体应力-应变关系进入深部非线性(塑性)响应区之后。

图 2-8　底板出现明显裂缝

图 2-9　木质立柱被折断

图 2-10　顶板下沉最大值为 27 cm

图 2-11　顶板锚网钢带被拉断

图 2-12　立柱陷入煤层底板 33 cm

2.2 突出煤层发生冲击地压的岩层结构条件

《防治煤矿冲击地压细则》[44]规定,埋深超过 400 m 的煤层,且煤层上方 100 m 范围内存在单层厚度超过 10 m、单轴抗压强度大于 60 MPa 的坚硬岩层时,应进行煤层(岩层)冲击倾向性鉴定。因为在该类岩层结构条件下,具有发生冲击地压的可能性。但实际各煤矿具备发生冲击地压的岩层结构条件存在很大差异,甚至软岩顶板也具备发生冲击地压的条件。

平煤十矿是突出煤层,其埋深大于 750 m 后,地应力在煤与瓦斯突出中的主导作用突显。在此深度,煤层上方 100 m 内单层厚度 14 m 的直接顶砂质泥岩,单轴抗压强度平均为 86.78 MPa;单层厚度 24 m 的基本顶石英砂岩,单轴抗压强度平均为 172.54 MPa。

抚顺老虎台矿是强冲击和突出煤层,埋深大于 660 m 后,冲击地压诱导瓦斯异常涌出和煤与瓦斯突出开始显现。而在此深度,煤层上方 100 m 内顶板为厚层页岩、油母页岩、泥岩等软岩,页岩平均单轴抗压强度为 39 MPa,绿色泥岩单轴抗压强度为 10.97～57.60 MPa,油母页岩单轴抗压强度为 25.4～40.4 MPa。

由此可见,煤层上方 100 m 范围内存在单层厚度超过 10 m、单轴抗压强度大于 60 MPa 的坚硬岩层,并不是发生冲击地压的必要条件。但埋深、顶板单层厚度和强度的矿山岩层结构,对煤层和底板构成的矿压强度达到应力-应变非线性区,可能是发生冲击-突出耦合灾变的岩层结构条件。

底板岩层结构也是影响冲击地压发生的主要因素之一。抚顺老虎台矿是特厚煤层分段开采,底板为强冲击倾向性煤层,冲击危险性较高。平煤十矿、义煤新义矿的底板 10 m 内有单层厚度 2～4 m 的砂岩冲击危险性较高。

2.3 突出煤层发生冲击地压的煤岩物理力学性质条件

实践证明,突出煤层都是破坏类型高、坚固性系数低的构造软煤,基本加工不成可供冲击倾向性测定的完整煤样,不具有冲击倾向性。但进入深部高应力区开采,不断有关于突出煤层发生冲击地压的报道。平煤八矿、十矿、十二矿,义煤新义矿、新安矿、义安矿、孟津矿,淮北海孜煤矿都发现了突出软煤工作面发生冲击地压的案例。经调查分析,突出煤层发生冲击地压有以下四种情况。

2.3.1 顶板弯曲折断冲击的岩石物理力学条件

平煤十矿采深大于 750 m 时发生过顶板冲击地压,义安矿大于 600 m 时发生过顶板冲击地压。

顶板岩层材料的冲击属性可采用《冲击地压测定、监测与防治方法 第 1 部分:顶板岩层冲击倾向性分类及指数的测定方法》(GB/T 25217.1—2010)[45],通过试验测定顶板岩层的弯曲能量指数,根据表 2-3 的分类指标判定冲击倾向性。但是否具有冲击地压的危险性,还需要结合一定的采深或应力等条件进一步判断。

表 2-3　顶板岩层冲击倾向性分类

类别	Ⅰ类	Ⅱ类	Ⅲ类
冲击倾向	无	弱	强
弯曲能量指数/kJ	$U_{WQS} \leqslant 15$	$15 < U_{WQS} \leqslant 120$	$U_{WQS} > 120$

2.3.2　底板屈曲折断冲击的岩石物理力学条件

平煤十矿、十二矿,采深大于 750 m 时发生过底板冲击地压。义煤新安、新义、义安煤矿大于 600 m 时发生过底板冲击地压。淮北海孜煤矿Ⅱ1026 机巷在深度 630 m 时发生过底板冲击地压。

底板岩层材料的冲击属性目前没有测定技术标准,通常借鉴 GB/T 25217.1—2010 测定岩层的弯曲能量指数,进行冲击倾向性判定(表 2-3)。但是由于顶板弯曲和底板屈曲的力学模型不同,这种借鉴仅作权宜之计,有待底板冲击倾向性测定技术规程问世。

2.3.3　断层活化位错能释放冲击的岩石物理力学条件

采动过程断层活化运动释放位错能,可以通过测定岩体的切变模量计算得到地震矩,从而判断释放能量的大小。

地震矩是震源的等效双力偶中一个力偶的力偶矩,是继地震能量后的第二个关于震源定量的特征量、一个描述地震大小的绝对力学量,单位为 N·m(牛·米),其表达式为:

$$M_0 = mDA \tag{2-3}$$

式中　m——岩石的剪切模量;

　　　D——破裂的平均位错量;

　　　A——断层参与运动破裂面的面积。

地震矩是反映震源区不可恢复的非弹性形变的量度。

2.3.4　突出软煤应变强度硬化冲击灾变机理

煤层的冲击倾向性可采用《冲击地压测定、监测与防治方法　第 2 部分:煤的冲击倾向性分类及指数的测定方法》(GB/T 25217.2—2010)[46]测定。但突出煤层都是破坏类型高、坚固性系数低的构造软煤,基本加工不成可供冲击倾向性测定的完整煤样,本应不具有冲击倾向性,但深部高应力区如平煤十矿$_{15-16}$-24110 工作面在 1 000 m 采深、义煤新义矿在 650 m 采深都发生过煤层弱冲击地压的案例。为了探究这一反常情况,本书通过煤-气耦合压力试验,研究了软煤发生冲击灾变的机理,提出了"软煤应变强度硬化冲击灾变"的假说。

软质与硬质煤岩的力学行为存在差异。煤与瓦斯突出煤层的煤质较软(以下简称软煤),坚固性系数 $f \leqslant 0.5$,按普氏坚固性系数早期流行的定义计算,单轴抗压强度不大于 5 MPa,完整性遭到破坏,破坏类型为Ⅲ~Ⅴ。而有冲击倾向的煤质较硬(以下简称硬煤),通常单轴抗压强度不小于 7 MPa,且完整性较好。虽然上述抗压强度界限不一定精确,也还有其他灾变判别指标,但软、硬煤力学行为的差异性毋庸置疑。煤与瓦斯突出煤层不具备发生冲击地压的煤岩强度条件。在工程实践中,500 m 以浅开采煤与瓦斯突出煤层时,确实鲜见发生冲击地压的案例。

进入深部开采后,陆续可见突出危险软煤层发生冲击地压的报道。平煤十二矿己七三水平回风下山,埋深 890~1 100 m,在软煤层巷道掘进施工期间发生两次软煤层冲击灾变诱导的煤与瓦斯突出[11]。平煤一矿在实施了防突措施的软煤层中掘进己$_{15}$-17310 运输巷时,发生一起由冲击地压引起的煤与瓦斯动力现象;在埋深 1 100 m 的三水平回风下山巷道掘进施工时,也发生过一次同类现象[9]。平煤十矿,在已$_{15-16}$-24110 采煤工作面开采煤与瓦斯突出煤层时,埋深 800~1 039 m 曾发生一起冲击地压诱导的煤与瓦斯突出。此后的现场跟踪调查发现,突出煤层中不时发生伴有震感的强烈声响,属煤层中的弱冲击动力现象[10]。义煤新义矿,11011 和 12011 工作面埋深 620~722 m,掘进过程发生多次震动冲击诱导的瓦斯异常涌出,2009 年 8 月 10 日就发生一起冲击地压诱导的煤与瓦斯突出[14]。上述各矿的煤与瓦斯突出煤层,煤质软,坚固性系数 $f=0.15~0.5$,破坏类型为Ⅲ、Ⅳ、Ⅴ,甚至无法加工成可供物理力学试验的原煤试样,但煤岩均出现了以往未曾见过的冲击动力灾变。这种有违常规的工程现象有可能是煤岩应变硬化。

Hollomon[47] 在研究金属塑性拉伸变形时提出,材料的应变硬化是指由于材料的塑性变形引起的硬度和强度增加的度量,并提出了金属塑性拉伸变形的经验指数方程,被推广到岩石、岩土力学领域应用。BRO[48] 认为,一些软弱岩石的破坏特征是大量的应变硬化,表现出与传统认识完全不同的特征,如果使用传统的峰值强度方法解释其结果会产生问题。唐明明等[49] 试验得出,含夹层盐岩及纯盐岩在单轴及三轴条件下,表现出明显的塑性应变趋势,且其全应力-应变曲线表现出明显的应变硬化-软化性质。殷德顺等[50] 通过三轴试验提出的岩土应变硬化指数理论能够反映岩土的硬化能力。王迎超等[51] 在降雨作用下浅埋隧道松散围岩塌方机制的研究中,考虑了应变软化与硬化组合介质模型。王俊颜等[52] 对超高性能混凝土结构材料进行了拉伸试验,该材料在试验过程中表现出应变硬化(强化)的特征。

通过分析突出软煤层冲击动力现象工程案例,构建模拟煤巷掘进和采煤工作面中部单自由度边界和加载条件的物理试验条件,研究软煤单自由度边界条件承压灾变的特征,可以发现软煤应变硬化是导致其呈现出具有硬煤特征冲击灾变的主要原因。

2.3.4.1 工程案例分析

义煤新义矿主采的二$_1$煤层为煤与瓦斯突出煤层。11011 掘进工作面埋深 670~722 m,轨道和胶带运输巷设计长度分别为 790 m 和 754 m。煤的坚固性系数 $f=0.22~0.30$,破坏类型为Ⅲ、Ⅳ、Ⅴ,煤质软,破坏严重,甚至取不出可加工成试样的块状原煤,不具有冲击倾向性。

两巷道掘进至巷道设计长度 40% 之前,在正常消突→效果检验→掘进作业循环过程中未发生伴有震动和声响的煤岩动力现象。2008 年 7 月中旬,胶带和轨道运输巷分别掘进到 280 m 和 340 m 处,开始偶发有声煤岩动力现象,并逐渐增强,直至产生巨响震动并伴有瓦斯异常涌出,遂引起高度重视。同样 9 月 23 日起,新义矿安排专人跟班现场观察和记录掘进过程中发生的煤与瓦斯动力现象,时间精度到分钟级,将记录的动力现象进行量化,便于图形显示,如图 2-13、图 2-14 所示。图中的纵坐标数字代表动力现象的强度和类型:"1"代表无震感、无破坏、有可辨声响的煤爆;"2"代表无震感、无破坏、有较大响声的煤爆;"3"代表有震感、有掉渣落尘、煤壁有轻度破坏、有很大响声的轻度冲击地压;"4"代表伴随瓦斯超过 0.8% 监控阈值的煤爆,通常有震感、有掉渣落尘、煤壁有轻度破坏、有很大响声的轻度冲击地压。

2008 年 9 月 23 日至 2009 年 6 月 30 日,该矿共记录到显著的煤与瓦斯动力现象 327 批次,其中量化为 3.0 级别的轻度冲击地压 74 批次,占比 22.6%;4.0 级别的轻度冲击地压诱

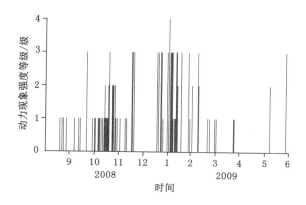

图 2-13　轨道运输巷动力现象分布

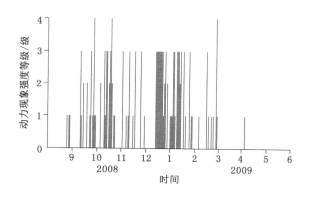

图 2-14　胶带运输巷动力现象分布

导的瓦斯异常涌出超限 4 次,其中胶带运输巷和轨道运输巷分别为 3 次和 1 次。根据多人对声响、震感和破坏情况辨识,震源发生在掘进头前方。2009 年 4 月,在该矿实施了以煤层钻孔卸压和注水为主的防治冲击地压措施后,动力现象显著减少;到 7 月之后,在掘进和回采期间动力现象已经杜绝。

　　上述情况表明,该矿软煤层在深部高应力环境下掘进施工,煤层承压响应发生了反常的冲击灾变。结合前述软煤冲击灾变的工程案例,表明软岩在一定条件下可以强度硬化,表现出硬岩某些灾变的特征。

2.3.4.2　煤的冲击倾向性测定

　　此层煤开采过程曾发生弱冲击动力现象,有震感和强烈声响。原煤加工成精度满足岩石力学试验要求的 $\phi50$ mm×100 mm 规格圆柱体试样,在岩石力学伺服试验机上,根据 GB/T 25217.2—2010 测定冲击倾向性指标。根据测定结果判定,两组试样均为 Ⅰ 类无冲击倾向性,见表 2-4。

表 2-4　煤的冲击倾向性测定结果

测定	试样	A-1	A-2	平均
测定指标	动态破坏时间/ms	551	720	636
	弹性能量指数	1.68	1.37	1.53
	冲击能量指数	2.51	2.12	2.32
	单轴抗压强度/MPa	6.30	5.21	5.76
测定结果	冲击类别	Ⅰ类无冲击倾向性	Ⅰ类无冲击倾向性	Ⅰ类无冲击倾向性

无侧限单轴压缩全应力-应变曲线显示,极限载荷峰后,抗压强度单调下降(图 2-15),强度单调软化至残余强度,未出现软化后的硬化现象。

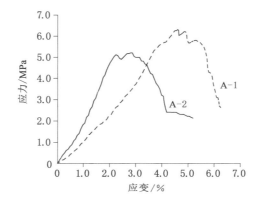

图 2-15　无侧限单轴压缩全应力-应变曲线图

2.3.4.3　单自由度抗压气固耦合试验与分析

试验装置由岩石力学伺服试验机,单自由度边界应力、气体双向加载试验装置,声发射系统,气体质量流量计,高精度压力传感器,静态电阻应变仪等构成。

构建与煤巷掘进头前方相似的边界与加载条件,如图 2-16 所示。在煤样顶部不渗透边界施加竖向压载(图 2-16 中 1～4 部分)。法向一侧面密封刚性被动约束,经透气板施加低压氮气(图 2-16 中 5、6 部分),起到煤样内部破裂示踪指示作用,同轴另一侧面为可渗透自由边界(图 2-16 中 9 部分)。法向正交另两侧面(略)和底面(图 2-16 中 7 部分)密封刚性被动约束。

选取原煤试样,力图保持煤的原始结构和孔隙、裂隙状态。煤样取自平煤煤田己[15-16]突出煤层中的偏硬层,加工成精度满足岩石力学试验要求的 150 mm×150 mm×150 mm 规格立方体大试样。试样两端面的平行度偏差不大于 0.005 cm,试件精度满足常规岩石力学试验要求,如图 2-17 所示。

试验氮气气压分别选用 0.15 MPa、0.2 MPa、0.4 MPa 三个方案,对煤样内部破裂灾变示踪指示。煤样自由表面产生较多宏观裂缝,有煤岩碎粒弹出,这作为发生冲击灾变的直接判据。试验将声发射计数或能量达到显著峰值和气体流量显著加快作为辅助判据。

三个煤样的试验结果均呈现出初始非线性、线弹性、应变软化-硬化和破裂灾变四个特征。煤样在单自由度边界条件下承压,可分辨出应变强度软化-硬化特征。

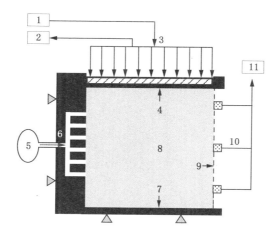

1—加压控制系统;2—采集控制系统;3—荷载;4—不渗透承压板;5—供气、控制及采集系统;
6—不渗透支架侧板及供气透气板;7—不渗透支架底座;8—煤试样;9—可渗透自由边界;
10—声发射传感器;11—声发射放大与数据采集系统。

图 2-16　物理试验加载和边界条件

图 2-17　原煤大尺度试样

　　根据试验结果,本书将单自由度边界条件下煤样达到相当于无侧限单轴抗压强度的首次峰值抗压强度后的强度下降现象表述为应变强度软化;峰后软化最低强度与峰值强度的比值定义为应变软化系数。应变强度软化后,强度再次上升表述为应变强度硬化;峰后硬化强度峰值与首次峰值强度的比值定义为应变硬化系数。

　　(1)B-1 煤样

　　初始非线性阶段,即图 2-18 标注为 1 的阶段。加载 0～1.6 MPa,应变 0～3.0%,应力曲线呈上凹形状,为初始非线性阶段。有少量低能声发射,在出现一次声发射能量高峰后,标志着煤样卸载裂隙发生一次质变压密,转入线弹性阶段。

　　线弹性阶段,即图 2-18 标注为 2 的阶段。加载 1.6～6.2 MPa,应变 3.0%～6.2%,应力曲线呈直线单调增加,处于线弹性阶段。加载到 3.0 MPa 后,开始通过透气板加 0.15 MPa 氮气。前半程,声发射数较少、能量较低,气流量基本保持在 8～16 L/min 相对较高水平的稳速状态,在原生裂隙中稳速渗流。后半程,声发射数增多、能量增高,气流量开始持续

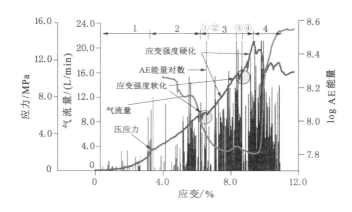

图 2-18　B-1 煤样受载物理场演化

减速渗流,表明原生裂隙开始压密,趋于闭合。加载到 5.3 MPa,声发能量出现一次峰值,但气流量仍继续下降,表明仍属煤样内部原生残余裂隙被压密,还未产生新的导气裂隙,煤样自由侧未见显著变化。

反复软化-硬化阶段,即图 2-18 标注为 3 的阶段。加载到 6.2 MPa,相当于无侧限单轴抗压强度,应力曲线出现显著非线性,强度升降躁动,煤样表现出应变强度软化(3-①段),声发能量出现相对高峰,但气流量仍继续下降,表明煤样虽然发生了塑性屈服,但内部裂隙仍在压密,导气裂隙没有生成。此后不久,应力曲线再度回归线弹性升势,抗压强度持续上升,表现为应变硬化强度上升(3-②段),气流量显著降低至 3 L/min 左右相对稳速渗流。加载到 10.35 MPa,再次发生应变软化(3-③段)和随后的应变硬化(3-④段),极限荷载达到 13.95 MPa。经两阶段应变软化-硬化作用,抗压强度增高,应变硬化系数达到 2.25。气流量在 3 L/min 左右低值区相对稳速渗流,煤样声发射反映出的煤内破裂并未产生导气通道,表明持续处于反复软化-硬化的压密过程。

破裂灾变阶段,即图 2-18 标注为 4 的阶段。加载到 13.95 MPa,达到煤样单自由度轴向压缩极限荷载,应力迅速降低;煤样自由表面产生大量宏观裂缝,有碎块弹落,气体伴有少量煤粒喷出;声发射能量达到全程最高峰,气流量急剧增高到 23 L/min 后趋于稳态,表明煤样内部产生新生裂隙并贯通;判断冲击灾变发生,停止试验。

(2) B-2 煤样

该试验结果也呈现出四个特征阶段(图 2-19),但与 B-1 煤样存在一定的差异。

初始非线性阶段,即图 2-19 标注为 1 的阶段。加载 0～1.3 MPa,应变 0～2.3％,应力曲线呈上凹形状。煤样裂隙压密,有少量低能声发射。

线弹性阶段,即图 2-19 标注为 2 的阶段。加载 1.3～5.75 MPa,应变 2.3％～3.9％,应力曲线基本呈直线单调增加。加载到 2.6 MPa,出现一次声发射计数(频次为 n)高峰,但应力曲线形态走势未见改变,分析为煤样残余裂隙闭合所致。加载到 3.0 MPa 左右开始通过透气板施加 0.2 MPa 氮气,处于 0.8 L/min 左右低值稳速渗流状态,未出现 A-2 煤样由高值转低值的过程,分析为加气时已进入弹性后半程,原生裂隙已压密趋于闭合所致。加载到 5.75 MPa,声发射计数出现全程最高峰,之后进入非线性阶段,但气流量此时未见加速,表明煤样内部尚未产生导气裂隙,煤样自由侧未见显著变化。

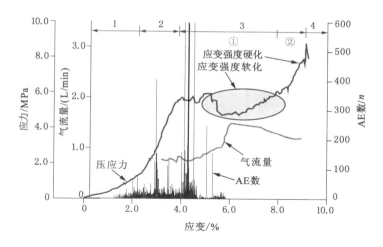

图 2-19　B-2 煤样受载物理场演化

应变软化-硬化阶段,即图 2-19 标注为 3 的阶段。加载到 5.75 MPa 后,先期经过一段屈服,强度出现高低躁动。之后强度下降到 4.8 MPa,出现较长一段应变软化过程(3-①阶段),应变软化系数为 0.84,气流量快速增大到 1.5 L/min 左右,遗憾的是此后再未接收到声发射信号,疑似传感器接触失灵。之后开始出现应变强度硬化,直至 8.8 MPa(3-②阶段),应变硬化系数为 1.53。

破裂灾变阶段,即图 2-19 标注为 4 的阶段。加载到 8.8 MPa,达到煤样单自由度轴向压缩极限荷载,应力迅速降低;煤样自由表面产生宏观裂缝,有碎块弹落,气体伴有少量煤粒喷出;气流量处于相对高速,但未见急速增高;判断冲击灾变发生,停止试验。

（3）B-3 煤样

除施加 0.4 MPa 的氮气外,B-3 煤样试验与上述两个试验其他条件均相同,如图 2-20 所示,其初始非线性阶段和弹性阶段与前两个煤样相似。加载到 6.9 MPa 首次峰值抗压强度后,出现 1.4 MPa 应力降,强度软化系数为 0.8,声发射计数和能量均出现峰值。继续加

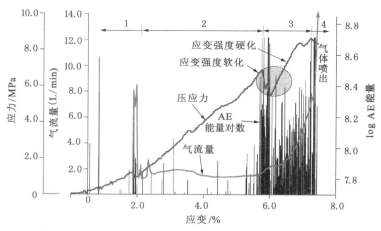

图 2-20　B-3 煤样受载物理场演化

载,抗压强度逐渐回升,表现为应变强度硬化,直至 8.7 MPa 的硬化峰值后,声发射计数和能量达本试验最高值,自由面有煤粒弹射,气体喷出,发生冲击灾变,应变强度硬化系数为 1.26。

上述三个试验均呈现出应变软化-硬化现象,尽管应变强度软化方式和程度存在差异,但应变强度硬化程度均比较显著。

2.3.4.4 机理探讨

无侧限边界和单自由度边界条件压缩试验对比发现三个试验的单自由度边界条件压缩均出现了应变软化-硬化,甚至反复软化-硬化现象。大理岩试验也得出,在单轴压缩条件下,大理岩呈脆性破坏特征与多个轴向劈裂裂缝;三轴循环加载条件下,随着围压增加,大理岩的峰值变形逐渐由应变软化变为应变硬化。但由于三轴试验没有自由表面边界条件,不能产生向自由端位移的运动条件,从而不能发生冲击灾变。

无侧限单轴压缩条件下[图 2-21(a)],在弹性范围内,岩样的纵向应变 ε_{y_1} 可表达为横向应变 ε_{x_1} 与泊松比 μ 的比值关系,即:

$$\varepsilon_{y_1} = \varepsilon_{x_1}/\mu \tag{2-4}$$

超过弹性极限后将产生不可恢复的永久应变,继续加载到极限荷载,试样将产生破坏,应力应变呈图 2-15 所示的单调增加与下降形态。由于侧向没有约束,侧向应变向两侧位移,ε_{x_1} 与 ε_{y_1} 均呈弹性常速稳态形变→塑性加速形变→失稳过程。

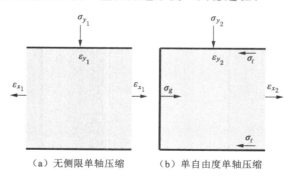

（a）无侧限单轴压缩　　（b）单自由度单轴压缩

图 2-21　不同边界条件应变分析

单自由度边界单轴加载条件下[图 2-21(b)],由于 2 个面加载主动约束和 3 个面刚性被动约束,侧向应变被迫只能向自由端一侧位移。泊松效应产生侧向膨胀,对岩样产生夹持摩阻力 σ_f。1939 年,Bowden(鲍登)等所做的著名黏滑试验表明,在此情况下存在蠕滑-黏滑现象。在泊松效应作用下,当岩样侧向位移作用力小于夹持摩阻力时,岩样侧向产生蠕滑,与无侧限相比,为弹性减速稳态形变;当岩样侧向位移作用力克服夹持摩阻力时,岩样侧向产生快速滑移,呈弹性加速非稳态形变——黏滑。之后产生应力降,岩样侧向位移作用力降低,开始进入下一循环。这一过程重复出现,将表现出黏滑特征和强度应变硬化,纵向应变 ε_{y_2} 可表达为式(2-5)形式,直至破坏失稳。

$$\sum_{i=1}^{n} \varepsilon_{y_2 i} = \sum_{i=1}^{n} (\varepsilon_{x_2 i}/\mu) \tag{2-5}$$

试验结果显示,煤样应变软化的表现形式存在差异性。B-1 试样表现为在较窄的应变范围内小幅度躁动式强度软化,且经多次反复软化-硬化;B-2 试样表现为较宽应变范围大幅度持续强度软化;B-3 试样表现为较窄的应变范围大幅度跌落强度软化。这是因为原煤试样为富含空隙、裂隙的非均质体,试样间空隙、裂隙和均质度的差异造成了不同的应变强度软化表象。但无论强度软化形式如何,最终都呈现出应变强度硬化的结果。与无侧限单轴压缩试验比较,单自由度边界条件下的应变量提高了一个数量级,煤样空隙、裂隙被压密的程度更高,从而表现出应变强度硬化程度比较显著,灾变前极限荷载分别增加了 26%、53%和 125%(表 2-5),均超过了煤样具有冲击倾向性的强度指标。

表 2-5　煤样应变强度硬化结果

试样	首次峰值抗压强度/MPa	硬化峰值抗压强度/MPa	强度硬化系数
B-1	6.2	13.95	2.25
B-2	5.75	8.8	1.53
B-3	6.9	8.7	1.26

无侧限单轴压缩,极限荷载后均出现单调下降的应变强度软化,不具备应变强度硬化的边界约束条件;三轴条件下虽然有应变强度软化-硬化,但因没有自由面,岩样没有向外位移的空间,不具备冲击灾变的运动条件;而单自由度边界条件下,由于有 5 个约束面的存在,出现了与三轴条件相似的应变强度软化-硬化现象,有 1 个自由面的存在提供了煤样侧向膨胀后位移的路径和空间,当软煤硬化后达到冲击破坏强度条件时,具备发生类似硬煤冲击灾变的条件。

软煤在单自由度边界条件下承压,可产生应变强度软化-硬化,当强度硬化达到冲击破坏强度条件时,可发生类似硬煤的冲击灾变[53]。

本书构建的单自由度边界承压条件,较好地模拟了掘进工作面前方和采煤工作面中部的边界和应力条件,对煤与瓦斯突出软煤发生冲击灾变给出了合理的应变强度硬化解释。

2.4　突出煤层发生冲击地压的地质条件

本书基于现场实证分析,发现了如下三种突出煤层发生冲击地压的地质或岩层结构条件。

2.4.1　基本顶破断或断层运动发生冲击地压

厚层坚硬基本顶破断,可发生冲击地压。2007 年 11 月 12 日 2:45,平煤十矿己15-16-24110 工作面回采到 85 m 时,基本顶初次破断,现场判断发生了顶板冲击。在该矿采深超过 750 m 后,煤层上方 100 m 内有单层厚度大于 10 m 的砂岩,即具备了基本顶破断冲击的条件,如图 2-22 所示。

页岩-泥岩-油母页岩构成的软岩顶板,按常规认识不具备发生冲击地压的条件,但在老虎台煤矿,这样的软岩顶板频繁发生破断冲击。当采深大于 660 m 时,顶板冲击地压诱导瓦斯异常涌出或突出。

义煤新安煤矿 16010 工作面于 2019 年 10 月 10 日发生一次顶板来压破断冲击(采深650 m 左右),并诱导煤层发生了煤与瓦斯突出。

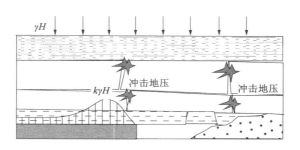

图 2-22　基本顶破断冲击地压力学模型图

2.4.2　底板屈曲折断或断层运动发生冲击地压

深部巷道承受上覆岩体的压力,由于煤柱增压区竖向应力施加于底板后,主动破坏区塑性破坏膨胀产生水平应力,推动被动破坏区向自由空间运动,使巷道底板产生变形隆起,在底板存在高弹性模量岩层且加载速度大于岩石松弛速度条件下,将产生冲击式破坏。在此情况下,冲击式破坏的底板附近煤体如果达到或接近发生煤与瓦斯突出的临界状态,将会被诱发,提前发动煤与瓦斯突出。

义煤新义煤矿,在 700 m 埋深条件下,基于离散元法采掘过程巷道煤与瓦斯突出的数值试验揭示:底板 10 m 内存在高弹性模量岩层,在采动应力集中条件下易于发生底板冲击,并成为耦合型煤与瓦斯突出准备和激发的作用力。模拟掘进工作面前方设 0.7 MPa 瓦斯包条件下,逼近瓦斯包掘进过程的煤岩动力响应。掘进工作面距瓦斯包 20 m 条件下,掘进头煤壁最大位移矢量为 0.196 m(图 2-23),掘进头后方 5 m 底板垂直位移速率最大为 0.10 m/s(图 2-24),未见动力灾变迹象。

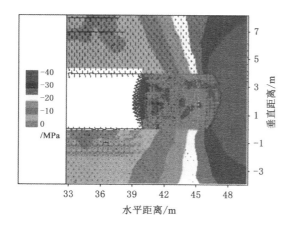

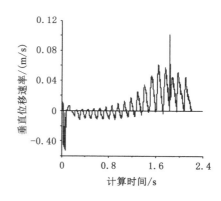

图 2-23　距瓦斯包 20 m 条件下掘进头　　　图 2-24　距瓦斯包 20 m 条件下掘进头
　　　煤壁应力-应变场分布图　　　　　　　　　后方 5 m 底板垂直位移速率图

掘进工作面距瓦斯包 6 m 条件下,掘进头煤壁最大位移矢量增大到 0.248 7 m(图 2-25),掘进头后方底板垂直位移速率最大为 0.17 m/s,未见显著动力灾变迹象。

掘进工作面距瓦斯包 3 m 条件下,掘进头煤壁最大位移矢量为 1.397 m(图 2-26),可判断发生了煤与瓦斯突出。掘进头后方 5 m 底板垂直位移速率突变为 0.4 m/s(图 2-27),可

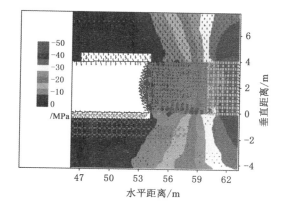

图 2-25　距瓦斯包 6 m 条件下掘进头
煤壁应力-应变场分布图

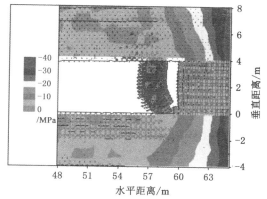

图 2-26　距瓦斯包 3 m 条件下掘进头
煤壁应力-应变场分布图

判断发生了底板冲击。

通过采动应力集中系数增加,模拟采煤工作面顶板来压过程,考察底板动力灾变现象。采煤工作面回采过程顶板厚层砂岩悬臂逐渐增大,巷道两侧竖向采动应力集中系数 k 逐渐增大到 2.7 时,虽然巷道两侧煤层塑性破坏较严重,但顶底板塑性破坏范围有限(图 2-28)。底板以下 2～4 m 竖向位移速率显示,初始开挖时达到最大位移速率 0.38 m/s,之后底板基本为低速率弹性变形(图 2-29)。最大速度矢量出现在底板,为 0.057 4 m/s(图 2-30),此时底板未见发生冲击动力灾变的迹象。

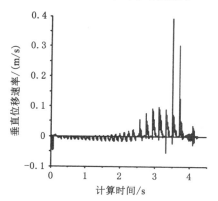

图 2-27　距瓦斯包 3 m 条件下掘进头
后方 5 m 底板垂直位移速率图

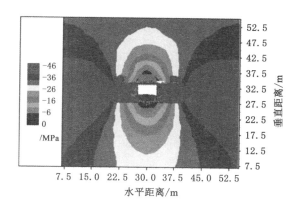

图 2-28　$k=2.7$ 时巷道附近应力-应变场分布图

巷道两侧竖向采动应力集中系数 k 达到 3.0 时,直接底和基本底泥岩发生大范围塑性破坏,基本底泥岩塑性破坏扩容(图 2-31),导致其上的砂岩底板竖向位移速率发生突然加速,最大达到 2.2 m/s,可判断发生了底板冲击破断(图 2-32)。

最大速度矢量出现在底板,为 3.113 m/s(图 2-33),进一步证明底板发生了破断冲击。两帮煤壁水平位移速度突然加速增大,表明煤层同时发生了突出(图 2-34)。

如果基本顶砂岩垂直位移速度为 4.9 m/s,那么首先破断;如果基本底泥岩垂直位移速

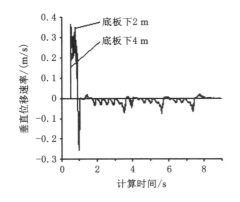

图 2-29 $k=2.7$ 时巷道底板
以下 2～4 m 垂直位移速率图

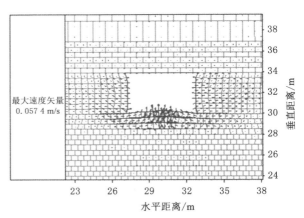

图 2-30 $k=2.7$ 时速度矢量图

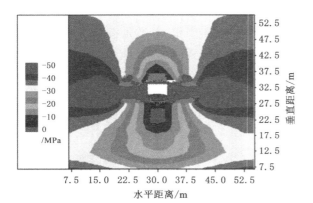

图 2-31 $k=3.0$ 时巷道附近应力-应变场分布图

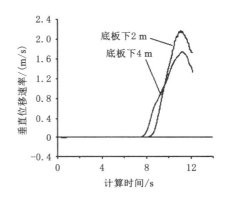

图 2-32 $k=3.0$ 时巷道底板
以下 3～5 m 垂直位移速率图

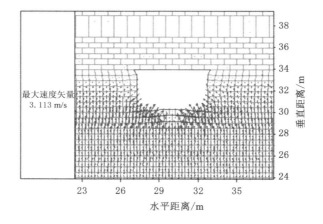

图 2-33 $k=3.0$ 时速度矢量图

度为 2.6 m/s,那么延迟破断(图 2-35)。

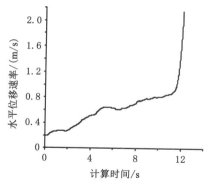

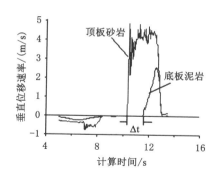

图 2-34　$k=3.0$ 时煤壁水平位移速率图　　　　图 2-35　基本顶和基本底垂直位移速率图

　　根据上述分析,本书提出在底板 10 m 内存在高弹性模量岩层条件下,采动应力主导的冲击地压复合的煤与瓦斯突出力学模型。

　　在较高的原岩应力和采动应力作用下,巷道基角处产生强应力集中,一定深度内的底板岩层两端最易发生塑性破坏并扩容,但是巷道内的高弹性模量岩层未产生塑性破坏,从而扩容膨胀应力施加于高弹性模量岩层产生水平挤压(σ_H),使砂岩夹层趋于向上挠曲。同时,砂岩的下伏低弹性模量泥岩塑性破坏扩容产生向上的膨胀力(σ_V),使砂岩夹层产生指向巷道空间的弹性变形。在联合应力作用下,高弹性模量砂岩夹层上弯积聚弹性能,并导致应力核附近煤体垂向应力集中系数增大,产生"煤砖效应",煤体瓦斯正常涌出通道被封闭。局部煤体受压产生裂隙并发生煤炮,孔隙压力降低,吸附瓦斯解吸为游离瓦斯膨胀。经过上述过程,该煤矿基本孕育完成了一次煤与瓦斯突出的准备阶段,如图 2-36 所示。

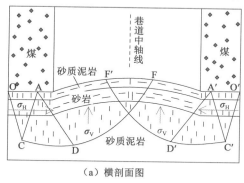

（a）横剖面图　　　　　　　　　　　　（b）纵剖面图

图 2-36　底板冲击地压准备煤与瓦斯突出力学模型图

　　当砂岩层承受的应力达到其抗折强度后,突然破断发生冲击地压,释放弹性能,输入煤体的动能进一步促使局部吸附瓦斯解吸膨胀,同时或稍有延迟,上弯的底板砂岩层发生弹性回跳。在震动的联合作用下,压密的"煤砖"被拉张开裂隙,疏通煤层瓦斯涌出的通道,诱导局部煤层将解吸出的游离瓦斯异常涌出,完成了煤与瓦斯突出的激发阶段。之后增压带向煤体内部转移,采动应力集中系数降低($k_2 < k_1$),如图 2-37 所示。

　　此次底板破裂,表面可见破裂深度为 8 m,底板以下应为几十米,破裂源表面与瓦斯突

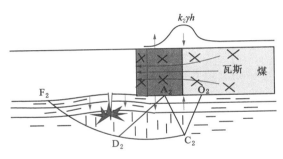

图 2-37　底板冲击地压激发煤与瓦斯突出力学模型图

出点相距 15 m,两者距离几乎为零,震动能量可不经衰减全部输入附近煤体。根据底板破裂范围、声响、震感和微震观测类比分析,此次冲击地压每立方米煤弹性波能估算最大为 10^5 J,可达到破坏煤墙的强度。按照计算,发生煤与瓦斯突出的每立方米煤最小瓦斯膨胀能为 1.3×10^6 J,而此次没有发生煤体突出,仅发生了瓦斯突出,底板冲击地压起到了破坏煤墙的作用,诱导准备阶段解吸的瓦斯发生突出。这表明,当时的煤层瓦斯压力不高,应小于临界压力(0.74 MPa)。

平煤十矿已$_{15\text{-}16}$-24110 采煤工作面于 2007 年 11 月 12 日发生的冲击地压及诱导的煤与瓦斯突出也属此种机理。

2.4.3　储气构造卸荷爆裂冲击

含气封闭断层等储气构造,当采掘逼近过程中,煤岩体的约束力小于瓦斯膨胀力时,瓦斯突然膨胀涌出并可伴随震动,此类灾害在平煤十矿正断层附近多发。

1997 年 5 月 28 日,抚顺龙凤矿在封闭断层附近采掘,储气构造卸荷爆裂发生里氏 0.4 级冲击地压,富集于断层内的大量高浓度瓦斯瞬间涌出,空气中甲烷浓度达到爆炸极限。恰逢冲击地压导致金属支架和设备撞击产生火花,引起瓦斯爆炸,造成 69 人殉职。

2.4.4　顶板来压作用下底板断层运动震动诱突案例

实证或案例分析是探索煤与瓦斯动力灾害的重要途径。淮北海孜煤矿Ⅱ1026 工作面于 2009 年 4 月 25 日在风巷掘进至 540 m 处时发生一起煤与瓦斯突出,分析得出主导因素是顶板来压作用下底板断层运动冲击震动所诱发。

2.4.4.1　概况

2009 年 4 月 25 日 1:47,淮北海孜煤矿Ⅱ1026 掘进工作面机巷开窝施工至 530 m 位置(标高-649.36 m)时,发生一起煤与瓦斯突出。

该工作面位于Ⅱ102 采区西翼三阶段,上界为Ⅱ1024 工作面采空区,下界为Ⅱ1028 工作面(未准备);东界为Ⅱ102 采区上山煤柱,西界为Ⅱ102 采区边界。工作面标高-580~-674 m,地表平均高程 27.5 m。

Ⅱ102 采区的Ⅱ1026 工作面含 3 组共 6 层可采煤层,即上煤组(3、4 煤层)、中煤组(7、8、9 煤层)和下煤组(10 煤层)。事故前经鉴定,7、8、9 煤层为突出煤层,10 煤层为高瓦斯煤层,无突出危险性。"4·25"事故前,该采区和井田内 10 煤层均未实施防突措施,在任何开采条件下也没有发生过煤与瓦斯突出。

Ⅱ1026 工作面机巷在 10 煤层中掘进。为确保安全,提高了管理等级,在掘进过程中加强局部通风管理,消除瓦斯积聚;采用钻屑瓦斯解吸指标 K_1、Δh_2 和钻屑量 S 值综合方法,实施突出危险性预测。若预测有突出危险则立即停止掘进，另行编制"四位一体"综合防突措施。

"4·25"事故前，Ⅱ1026 机巷掘进头前方 250 m 以内，三维地震勘探时未发现存在断层，如图 2-38 所示。

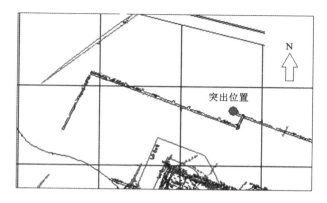

图 2-38　煤与瓦斯突出点附近断层分布图

2.4.4.2　现场调查

10 煤层为高瓦斯煤层，机巷掘进采取连续预测方法，采用钻屑瓦斯解吸指标 K_1、Δh_2 和钻屑量 S 值进行综合预测，每循环保留不少于 3 m 的预测超前距。Ⅱ1026 机巷截至"4·25"事故发生前共检测 93 次，预测指标均未超限，见表 2-6、图 2-39、图 2-40。

表 2-6　Ⅱ1026 机巷掘进煤与瓦斯突出危险性预测情况一览表

预测指标		钻屑瓦斯解吸指标 K_1 /[mL/(g·min$^{1/2}$)]	钻屑瓦斯解吸指标 Δh_2 /Pa	钻屑量 S /(kg/m)
危险临界值	干煤	0.5	200	6.0
	湿煤	0.4	160	
93 次预测最大值		0.1	140	3.3
24 日中班预测最大值		0.08	110	2.9

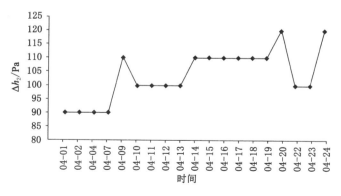

图 2-39　钻屑瓦斯解吸指标 Δh_2 最大值连续检测曲线图

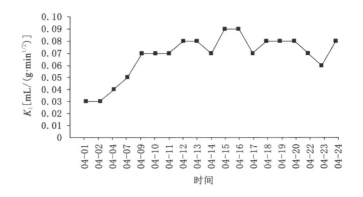

图 2-40　钻屑瓦斯解吸指标 K_1 最大值连续检测曲线图

4 月 1 至 24 日,气流连续瓦斯浓度监测均不超标(0.8%),如图 2-41 所示。

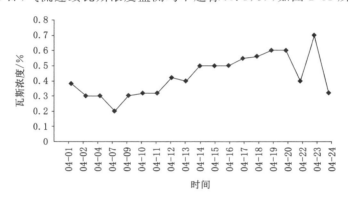

图 2-41　Ⅱ1026 机巷回风瓦斯浓度曲线图

煤与瓦斯突出发生前,作业人员在机巷掘进迎头听到较强煤炮声响,但不能确认声源方向和位置。事后探明,巷道内煤体堆积长度为 74.7 m,计算突出煤量为 656 t,如图 2-42 所示。采用分段法计算的瓦斯涌出量为 130 909 m³,吨煤瓦斯涌出量为 19.95 m³/t。

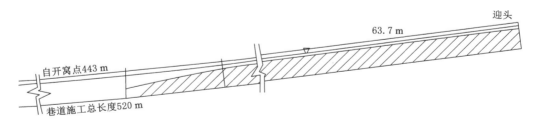

图 2-42　巷道煤量堆积示意图

2.4.4.3　煤与瓦斯突出前后岩体破裂分析

采用矿井装备 SOS 高精度微震系统监测采动岩体破裂,判断火成岩的稳定性。该设备于 2008 年 11 月 29 日开始产生微震监测数据。截至 2009 年 4 月 24 日,设备运行状况良好。分析煤与瓦斯突出发生前后的岩体破裂对于研究岩体运移具有重要的意义。

（1）突出前的岩体破裂

自 2008 年 12 月 26 日开始，Ⅱ1026 机巷发生一系列矿震。截至 2009 年 4 月 24 日，共发生矿震 116 次，最大强度为两次里氏 1.1 级（1.1×10^5 J）。矿震震中沿 NW 向呈线状分布，这种现象表明存在大规模岩体位错，可解释为发生了断层活动，如图 2-43 所示。

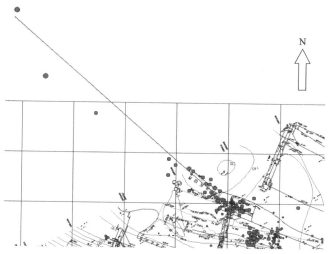

图 2-43　2008 年 12 月 26 日至 2009 年 4 月 24 日矿震震中分布图（圆点）

震源剖面图（图 2-44）显示，在平面投影距Ⅱ1026 机巷 2 700 m 处、垂向高程－500～－800 m 范围内，震源定向分布显著，进一步证明发生了图 2-43 显示的断层运动。

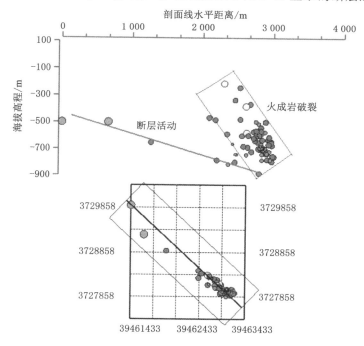

图 2-44　2008 年 12 月 26 日至 2009 年 4 月 24 日矿震震源剖面图

在Ⅱ1024 采空区火成岩 140~150 m 等厚度线覆盖区域,-200~-700 m 水平区间发生一组微震活动(图 2-44),表明该区域的火成岩受Ⅱ1023 工作面采动的影响已产生定向破裂,并先于断层活动发生,成为诱导断层活化的动力。Ⅱ1026 机巷"4·25"突出位置与Ⅱ1024 采空区平距不足 200 m,可受到Ⅱ1024 采空区火成岩破断的作用。

该区域的矿震频次时序如图 2-45 所示。2008 年 12 月 26 日至 2009 年 4 月 24 日,该区域的岩体发生两次显著的周期破裂,第一次发生在 2009 年 1 月,第二次发生在 2009 年 4 月。

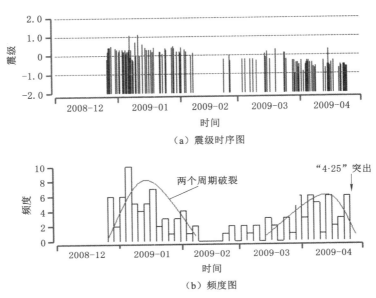

图 2-45   岩体破裂周期活动图

震源时序演化显示,2009 年 1 月的第一次岩体大规模破裂,火成岩顶板发生破断并诱导了 NW 向的断层活动;而 2009 年 3 至 4 月间的岩体破裂集中发生在-700 m 水平的底板,表明火成岩顶板破断后应力重分布,导致临近采空区一侧的Ⅱ1026 机巷附近岩体应力集中并发生破裂,如图 2-46 所示。

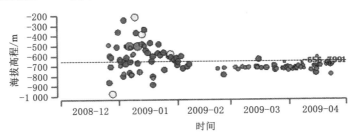

图 2-46   矿震震源时序分布图

(2)突出过程的伴生岩体破裂

1:47 发生煤与瓦斯突出,之后 1:47:21.5 到 1:48:08,微震系统监测到多次岩体破裂,可定位处理的矿震有 9 次,其中最大一次矿震能量为 8 550 J。监测到矿震震源距迎头最近为 6.6 m,最远为 486 m,最大能量点距迎头 32 m。

从三维勘探资料解译的地质图(图 2-47)显示可知,Ⅱ1026 机巷"4·25"突出迎头 250 m以内未发现断层,仅在 Ⅱ1026 机巷迎头前方约 403 m 处存在一条正断层(DF_{24}),走向为 NE,倾向为 NW,倾角 50°~65°,落差 0~4 m,属近场规模最大的断层,且未见该断层附近有矿震活动。后方 130 m 巷道内掘进揭露有小型断层,掘进过程未发生动力现象。

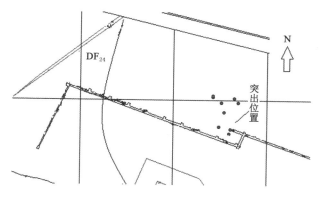

图 2-47　掘进头附近断层分布和"4·25"当日矿震分布图

震源剖面图(图 2-48)显示,突出过程在掘进头前方底板有同步和延迟断裂活动,而此前应存在应力场增强过程。作用力源应来自火成岩破裂和断层活动,顶板来压可能使该部位产生微破裂,导致瓦斯解吸膨胀。煤与瓦斯突出后,产生"内爆",伴生断层活动,力学机制应属正断层运动。

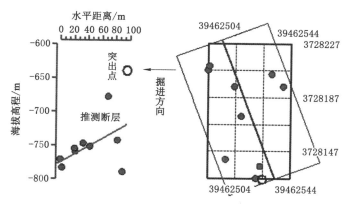

图 2-48　突出过程矿震震源剖面图

恢复生产后,在"4·25"突出点前方 20 m 的确揭露出一条落差 0.8 m、倾角 50°的正断层(图 2-49),验证了此前的推断。

(3) 突出后的岩体破裂

"4·25"突出事故后至 2009 年 10 月 19 日,Ⅱ1026 机巷处于停产状态。这期间该区域微震活动几乎停止,如图 2-50 所示。

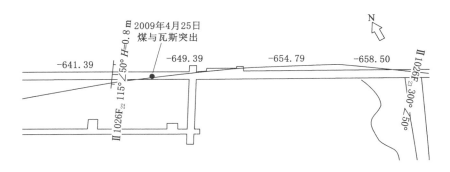

图 2-49　恢复生产后掘进揭露的断层

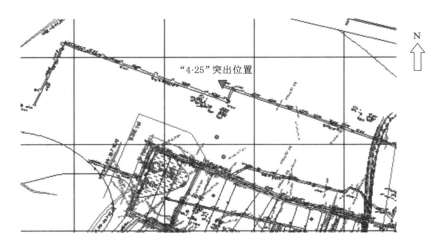

图 2-50　"4·25"事故停产后至 2009 年 10 月 19 日 Ⅱ 1026 机巷附近区域微震震中分布图

2009 年 10 月 19 日至 2010 年 9 月 22 日，Ⅱ 1026 机巷底板抽放巷爆破掘进，迎头至 DF$_{24}$ 断层区间和机巷附近微震活动显著增多。爆破掘进扰动产生大量岩体破裂，岩体动力响应敏感程度较高，判断此处岩体的受力状态较强，如图 2-51 所示。

2010 年 9 月 23 日至 2011 年 1 月 4 日，Ⅱ 1026 底板抽放巷爆破掘进停止后，该区域的微震活动随之消失。从爆破掘进扰动的岩体动力响应规律判断，此处岩体的受力状态虽然较强，但在自然状态下尚未达到大规模破裂的程度，未产生大规模顶板破裂，如图 2-52 所示。

2.4.4.4　突出过程气流瓦斯浓度分析

2009 年 4 月 20 日 12：00 开始，正常风流中的瓦斯浓度显著偏低（图 2-53），地应力作用下煤墙被压实闭合，开始进入煤与瓦斯突出的准备阶段。如果煤体内具有接近突出的瓦斯内能，或后续有外部动力助推激发，则可发动煤与瓦斯突出。可惜的是没有保留下 T$_1$ 瓦斯传感器的记录曲线，理论上 T$_1$ 瓦斯传感器记录的在地应力作用下煤墙闭合形成"煤砖被压实"过程将更为显著。

2.4.4.5　参与突出的瓦斯内能

（1）按突出的吨煤瓦斯涌出量估算

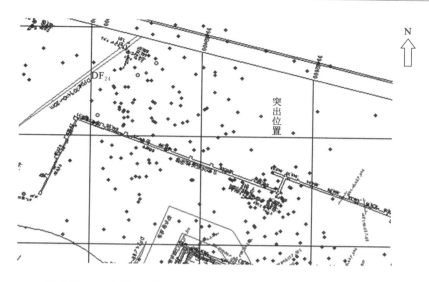

图 2-51　2009 年 10 月 19 日至 2010 年 9 月 22 日矿震震中分布图

图 2-52　2010 年 9 月 23 日至 2011 年 1 月 4 日矿震震中分布图

事故后探明,该次突出的煤量为 656 t,瓦斯涌出量为 130 909 m^3,吨煤瓦斯涌出量为 19.95 m^3/t,小于典型煤与瓦斯突出的吨煤瓦斯涌出量指标(30 m^3/t),瓦斯内能不高。

（2）10 煤层可发动突出最大瓦斯内能

经测定,10 煤层原始状态瓦斯基础参数见表 2-7。

表 2-7　10 煤层瓦斯基础参数一览表

参数指标	瓦斯压力/MPa	瓦斯含量/(m^3/t)	吸附常数 a/(m^3/t)	吸附常数 b/MPa^{-1}	灰分/%	水分/%	视密度/(t/m^3)
数值	0.8	11.33	34.028 0	0.749 4	7.01	0.27	1.31

发动煤与瓦斯突出的瓦斯内能,由游离瓦斯膨胀能和吸附瓦斯解吸膨胀能两部分构成。根据佩图霍夫的研究,在绝热条件下,当瓦斯压力从 p_0 降到 p_1 时,单位体积煤体游离瓦斯

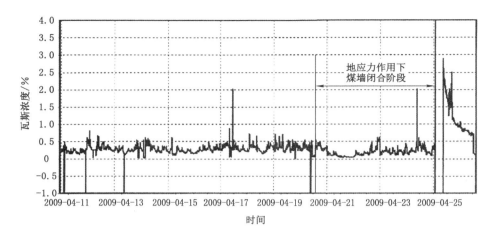

图 2-53 Ⅱ1026 机巷回风 T_2 瓦斯浓度监测曲线

释放的能量可表达为：

$$E_{GY} = \frac{p_1}{K-1}\Big[W_t - \frac{p_0 ab}{1+bp_0}\Big]\Big[1 - \Big(\frac{p_1}{p_0}\Big)^{\left(1-\frac{1}{K}\right)}\Big] \tag{2-6}$$

式中　K——绝热指数，甲烷取 1.31；

　　　W_t——参与突出单位体积煤体的瓦斯含量；

　　　a、b——实验室测定的吸附常数；

　　　p_0——储层瓦斯压力；

　　　p_1——大气压力。

在煤体孔隙率 2.96% 和测定的瓦斯吸附常数条件下，考虑水分和灰分因素，未做温度校正，则突出初期储层瓦斯压力突然降到大气压后，单位体积煤体游离瓦斯释放的最小膨胀能为：

$$E_{GY} = \frac{p_1}{K-1}\Big[W_t - \frac{p_0 ab}{1+bp_0} \times \Big(\frac{1}{1+0.31W} \times \frac{100-A-W}{100}\Big)\Big]\Big[1 - \Big(\frac{p_1}{p_0}\Big)^{\left(1-\frac{1}{K}\right)}\Big]$$

$$\tag{2-7}$$

式中　A——煤的灰分，%；

　　　W——煤的水分，%。

单位体积煤体解吸瓦斯膨胀释放的能量可表达为：

$$E_{GX} = \frac{p_1 ab}{K-1}\int_{p_1}^{p_0} K_d\Big[1 - \Big(\frac{p_1}{p_0}\Big)^{\left(1-\frac{1}{K}\right)}\frac{\mathrm{d}p}{(1+bp)^2}\Big] \tag{2-8}$$

式中　K_d——比例系数，$K_d \approx 0.3 \sim 0.4$。

若 b 略小于 $1/p_0$，则单位体积煤体解吸瓦斯膨胀释放的能量达到最大值，可近似为：

$$E_{GX} = K_d p_0 p_1 ab \tag{2-9}$$

K_d 取下限值 0.3，计算结果显示出 10 煤层可发动突出的最大初始瓦斯膨胀能为 1.37×10^6 J/m³。

破坏煤体需要的最小能量可通过冲击地压和微震监测估算。微震设备接收到的大于等于 10^5 J 级别弹性能矿震，如果发生在距煤壁数十米范围，产生煤体冲击式破坏（即冲击地压)的概率较高;而小于 10^5 J 级别弹性能的矿震,则通常只能达到煤炮级别强度,可感受到较大声响和轻微震动冲击,鲜见煤体破坏。孕育和发动一次煤岩体冲击地压的总能量中,用于产生震动能而被微震设备接收到的弹性能通常认为占比为 5%～10%,苏联的研究结果更是精确为 7%～8%,本研究取平均值,即震动效率按 7.5% 考虑,则在煤岩临空面数十米范围发动一次破坏煤体的冲击式破坏所积聚的最小能量应达到 $1.3×10^6$ J 级别。

10 煤层可发动突出的最大初始瓦斯膨胀能,约等于破坏煤体所需的最小能量,处于具备发动煤与瓦斯突出的临界内能状态。如有外力作用参与破坏煤体,则发动煤与瓦斯突出的概率增大,可提前发动煤与瓦斯突出;如果没有外力参与,正常掘进和常规措施或可不致发生煤与瓦斯突出。

2.4.4.6　成因机制分析

(1) 10 煤层的煤层瓦斯压力和含量指标具备发生煤与瓦斯突出的瓦斯内能条件。

(2) 瓦斯膨胀能计算、突出吨煤瓦斯涌出量、风流瓦斯浓度、敏感指标预测结果均表明,该工作面内 10 煤层瓦斯内能不强,基本处于可发生突出瓦斯内能临界。以往的采掘历史表明,正常情况掘进,采取常规措施不致发生突出。此次突出应有外力作用参与。

(3) 数值试验表明,由于 Ⅱ1022 和 Ⅱ1024 工作面属无煤柱开采,火成岩大跨距悬顶造成采动影响范围增大,Ⅱ1026 机巷采动应力集中系数 k 为 1.33,等效采深 900 m。环境附加应力超过历史承受最大应力的 33%,煤体至少可产生声发射级别的微破裂,给吸附瓦斯解吸创造了条件。

(4) 数值试验和微震监测均表明,Ⅱ1024 采空区和 Ⅱ1026 机巷火成岩发生破裂,引发了断层活化运动,对下部采场产生作用,在掘进扰动复合作用下,加速前方深部煤体产生微裂隙,导致瓦斯解吸、膨胀、聚集。T_2 瓦斯传感器监测瓦斯涌出量变小,表明掘进头超前保护带煤墙被顶板来压封闭,煤墙压密带宽度约 15 m。钻孔 10 m,仍处于压密带内,没有取到深部瓦斯解吸区试样,预测瓦斯指标不超限。预测孔加深或实施超前瓦斯长探孔当可发现异常。

(5) 临近突出发生时间,发生几次岩体破裂,底板产生小型正断层运动或造成原有断层活化,冲击震动激发受约束的含游离瓦斯煤体发生破裂,发生煤与瓦斯突出。

(6) 在瓦斯内能不足条件下,底板断层冲击震动补充了发动煤与瓦斯突出的动力。

2.5　突出煤层发生冲击地压的开采技术条件

在应力集中区内有两个工作面同时采掘作业时,如果非应力集中区两个掘进工作面之间的距离小于 150 m,采煤工作面与掘进工作面之间的距离小于 350 m,两个采煤工作面之间的距离小于 500 m,都容易发生冲击地压。相邻矿井、相邻采区之间也遵从上述规则。

煤层巷道与硐室底板有冲击危险的底煤,两条平行巷道在时间、空间上相互影响,留有孤岛煤柱,都可能导致发生冲击地压,进而诱导突出的开采技术条件。

采掘推进速度是诱发冲击地压和煤与瓦斯突出的重要原因。过快的开采速度或过大的开采强度,以及超出防冲卸压和防突抽采的能力范围,常可导致灾害发生。开采速度或开采强度要与防冲卸压和防突抽采能力相适应,但不是绝对数值。

2.6　突出煤层发生冲击地压的力学机制

综上所述,突出煤层发生冲击地压的力学机制可以总结如下:

（1）突出煤层发生冲击地压的条件高于冲击地压煤层,应力条件要达到应力-应变非线性区后。

（2）埋深、顶板单层厚度大、强度高的矿山岩层结构,对煤层和底板构成的矿压强度达到应力-应变非线性区,可能是发生冲击-突出耦合灾变的岩层结构条件。

（3）特厚煤层冲击危险底煤和底板 10 m 内有单层厚度 2～4 m 的砂岩时,底板冲击危险性较高。

（4）突出软煤,进入深部高应力区,经应变强度硬化,煤层达到或接近硬煤条件,可以发生冲击式破坏。

（5）顶板下弯折断冲击、底板屈曲起鼓折断冲击、软煤应变强度硬化冲击、储气构造爆裂冲击,是突出煤层发生冲击地压的四种模式。

（6）采掘集中度和推进度是影响发生冲击地压的重要因素。

第 3 章　冲击-突出双危工作面含瓦斯煤层灾变的力学机制

　　本书通过对十余个矿井冲击地压-煤与瓦斯突出双危煤层的多年现场跟踪研究,发现存在冲击地压和煤与瓦斯突出共生、伴生或互为诱因的动力现象,以及在冲击地压作用下未达到煤与瓦斯突出指标的含瓦斯煤层发生低指标煤与瓦斯突出或瓦斯异常涌出,确实存在措施不到位和管理不到位以外的因素,超出传统发生煤与瓦斯突出条件的认识。区域消突验证有效、局部消突效果检验有效的含瓦斯煤层,在冲击地压作用下低指标灾变表现为传统的消突措施、危险性预测指标失效。

　　冲击地压和煤与瓦斯突出可以互为诱因,但煤与瓦斯突出发生后可以掩盖冲击地压的灾害后果,甚至可以忽略冲击地压的后果,而冲击地压诱导煤与瓦斯突出的灾害后果更为严重,因而本书的研究重点定位在冲击地压对煤与瓦斯突出的作用方面。

3.1　冲击地压作用下含瓦斯煤层灾变的条件

　　实践证明,在冲击地压作用下,绝大部分消突后的煤层不能灾变成煤与瓦斯突出,应该存在发生灾变的煤与瓦斯临界指标。

　　含瓦斯煤层具有煤与瓦斯突出危险性,一般需要高瓦斯含量、高瓦斯压力、低煤坚固性系数、高煤破坏类型等因素的有机组合。

　　《防治煤与瓦斯突出细则》[54]第十一条规定:"突出煤层鉴定应当首先根据实际发生的瓦斯动力现象进行,瓦斯动力现象特征基本符合煤与瓦斯突出特征或者抛出煤的吨煤瓦斯涌出量大于等于 30 m^3(或者为本区域煤层瓦斯含量 2 倍以上)的,应当确定为煤与瓦斯突出,该煤层为突出煤层。"

　　当根据瓦斯动力现象特征不能确定为突出,或者没有发生瓦斯动力现象时,应当根据实际测定的原始煤层瓦斯压力(相对压力)p、煤的坚固性系数 f、煤的破坏类型、煤的瓦斯放散初速度 Δp 等突出危险性指标进行鉴定。

　　当煤层的全部指标均符合表 3-1 所列条件,或者钻孔施工过程中发生喷孔、顶钻等明显突出预兆的,应当鉴定为突出煤层。否则,煤层突出的危险性应当由鉴定机构结合直接测定的原始瓦斯含量等实际情况综合分析确定,但当 $f \leqslant 0.3$、$p \geqslant 0.74$ MPa,或者 $0.3 < f \leqslant 0.5$、$p \geqslant 1.0$ MPa,或者 $0.5 < f \leqslant 0.8$、$p \geqslant 1.50$ MPa,或者 $p \geqslant 2.0$ MPa 的,一般鉴定为突出煤层。

表 3-1　煤层突出危险性鉴定指标

判定指标	煤的破坏类型	瓦斯放散初速度(Δp)	坚固性系数(f)	原始煤层瓦斯压力(相对)p/MPa
有突出危险的临界值及范围	Ⅲ、Ⅳ、Ⅴ	$\geqslant 10$	$\leqslant 0.5$	$\geqslant 0.74$

按规定,没有消除突出危险的煤层不容许采掘作业。但平煤十矿和义煤新义矿在实施消突措施并达到消突效果后,由于冲击地压的作用也发生了煤与瓦斯突出,即发生了所谓的低指标煤与瓦斯突出问题。

由于深部高应力环境的超载静压和冲击地压动能的输入,降低了发生煤与瓦斯突出的阈值,发生了低指标突出现象。两个煤矿的测试和研究表明,至少表 3-2 所列条件下的含瓦斯煤层,在深部高应力环境的超载静压和冲击地压动能输入条件下发生过低指标煤与瓦斯突出。

表 3-2　冲击地压作用下煤层突出危险性单项指标的临界值

煤层突出危险性	煤的破坏类型	瓦斯放散初速度 (Δp)	坚固性系数 (f)	原始煤层瓦斯压力(相对)p/MPa	瓦斯含量 /(m³/t)
突出危险	Ⅱ、Ⅲ、Ⅳ、Ⅴ	≥10	≤0.6	≥0.6	≥6.0

下面以新安煤田为研究对象,通过现场调查、测试、试验、理论计算和相似条件类比,研究冲击地压能量输入作用下消突后的含瓦斯煤层发生煤与瓦斯灾变问题,验证和深化关于底板冲击地压诱导煤与瓦斯突出提前发动力学机制的认识。

新安煤田位于河南省洛阳市新安县北部,主采二叠系二₁煤。煤田内该煤层厚度 0～15.47 m,平均厚度 4.81 m,煤层顶板平缓,底板不稳定,煤层呈"鸡窝状"赋存。煤体结构属Ⅲ～Ⅴ类破坏构造煤。原始煤层瓦斯放散初速度 Δp 值为 15.0～28.0,钻屑瓦斯解吸指标 Δh_2 最大值为 220 Pa。经实测数据回归分析,煤层原始瓦斯压力和瓦斯含量关系如图 3-1 所示,对图中二者的关系进行拟合,拟合公式如下:

$$Q = 21.02[1 - \exp(-0.982\,36p)] \quad (R^2 = 0.86) \tag{3-1}$$

式中　Q——储层瓦斯含量,m³/t;

　　　p——储层瓦斯压力,MPa。

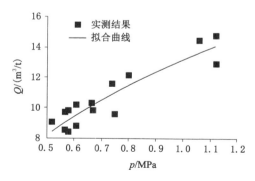

图 3-1　瓦斯压力与含量回归关系

二₁煤为突出煤层,煤层透气性系数为 0.027 7～0.131 3 m²/(MPa²·d),属较难抽放煤层。煤的坚固性系数 f 值平均为 0.35,直接顶为砂质泥岩,直接底为泥岩(力学参数见表 3-3)。该煤层属煤层、直接顶和直接底均软煤层,即所谓"三软"低透气突出煤层。

表 3-3　岩层物理力学性质

煤岩材料	厚度/m	单向抗压强度/MPa	单向抗拉强度/MPa	弹性模量/GPa	冲击倾向性
30 m 内顶板砂岩	>20	78.72	8.58	35.48	弱
直接顶砂质泥岩	2~6	58.60	—	—	无
直接底泥岩	7~11	70.56	5.90	19.43	—
底板夹层砂岩	1	79.86	11.75	34.13	—

吸附试验测定的煤层瓦斯基础参数见表 3-4。

表 3-4　二₁ 煤层瓦斯基础参数

吸附常数		水分/%	灰分/%	密度/(kg/m³)	孔隙率/%
$a/(m^3/t)$	b/MPa^{-1}				
39.68	0.687	1.3	13.3	1 390	3.3

通过实施分段顺层钻孔预抽煤巷条带瓦斯的区域消突措施,工作面掘进前残余瓦斯含量最大值降为 7.44 m^3/t,干煤钻屑瓦斯解吸指标 Δh_2 最大值为 140 Pa(干煤危险临界值为 150 Pa,湿煤为 110 Pa),经评价已实现分段区域消突。

研究工作面内,煤层厚度为 4.10~7.25 m,埋深为 670~722 m,煤质软,坚固性系数 f 为 0.22~0.65,平均值为 0.35,手握即碎,不能加工成可供力学试验的试样,几乎无抗拉强度,积累和储存弹性能的属性不强,类比分析为无冲击倾向性。30 m 内顶板组合岩层具弱冲击倾向性。底板岩石冲击倾向性无实验室判定指标,实际泥岩和砂岩组合岩层发生过冲击地压。

巷道断面为拱形,底边长 60 360 mm,高 3 970 mm,截面积 18.2 m^2。巷道采用斜拉腿圆拱形棚支护,棚距 500 mm,净断面面积 16.1 m^2。掘进过程中曾发生底板破断冲击诱导的瓦斯异常涌出超限、瓦斯突出和煤与瓦斯突出。

发动煤与瓦斯突出的瓦斯能量由游离瓦斯膨胀能和吸附瓦斯解吸膨胀能两部分构成。游离瓦斯膨胀能在推动煤与瓦斯突出初期起主导作用,而吸附瓦斯解吸膨胀能在后续撕裂煤体并持续推动突出过程中起主导作用。

根据佩图霍夫[55]的研究,在绝热条件下,储层瓦斯压力 p 从初始 p_0 降到 p_1 时,单位体积煤体游离瓦斯释放的能量 E_{GY} 可表示为:

$$E_{GY} = \frac{p_1}{K-1}\left[W_t - \frac{p_0 ab}{1+bp_0}\right]\left[1-\left(\frac{p_1}{p_0}\right)^{\left(1-\frac{1}{K}\right)}\right] \tag{3-2}$$

式中　K——绝热指数,甲烷取 1.31;

　　　W_t——参与突出单位体积煤体的瓦斯含量;

　　　a、b——均为实验室测定的吸附常数;

　　　p_0——储层初始瓦斯压力;

　　　p_1——大气压力。

在孔隙率为 3.3% 和测定的瓦斯吸附常数条件下,考虑水分和灰分因素,未做温度校正,则突出初期储层瓦斯压力突然降到大气压后,单位体积煤体游离瓦斯释放的最小膨胀能为：

$$E_{\mathrm{GY(min)}} = \frac{p_1}{K-1}\Big[W_{\mathrm t} - \frac{p_0ab}{1+bp_0}\frac{1}{1+0.31W}\frac{100-A-W}{100}\Big]\cdot\Big[1-\Big(\frac{p_1}{p_0}\Big)^{(1-\frac{1}{K})}\Big]$$

$$(3\text{-}3)$$

式中　A——煤的灰分，%；

　　　W——煤的水分，%。

单位体积煤体解吸瓦斯膨胀释放的能量 E_{GX} 可表示为：

$$E_{\mathrm{GX}} = \frac{p_1ab}{K-1}\int_{p_1}^{p_0}K_{\mathrm d}\Big[1-\Big(\frac{p_1}{p_0}\Big)^{(1-\frac{1}{K})}\Big]\frac{\mathrm dp}{(1+bp)^2}$$

$$(3\text{-}4)$$

式中　$K_{\mathrm d}$——比例系数，取 0.3～0.4。

若 b 略小于 $1/p_0$，则单位体积煤体解吸瓦斯膨胀释放的能量达到最大值，可近似为：

$$E_{\mathrm{GX(max)}} = K_{\mathrm d}p_0p_1ab$$

$$(3\text{-}5)$$

$K_{\mathrm d}$ 取下限 0.3，不同压力下瓦斯初始释放膨胀能计算结果如图 3-2 所示。在储层瓦斯压力为 0.5～2.0 MPa 范围内，始突阶段瓦斯压力从 p_0 降到大气压时，单位体积煤体游离瓦斯释放的初始膨胀能始终小于随后吸附瓦斯解吸释放的膨胀能；储层瓦斯压力越大，两者释放的膨胀能差值越大，瓦斯压力大于 1.2 MPa 后，两者的差值增速显著增大。由此可知，一旦初始瓦斯膨胀能突破煤体的约束，吸附瓦斯解吸释放的膨胀能将具备继续推动煤与瓦斯突出的能力；瓦斯压力大于 1.2 MPa 后，吸附瓦斯解吸释放的膨胀能继续撕裂和搬运煤体的能力显著增强。

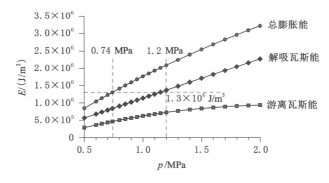

图 3-2　不同压力下瓦斯初始释放膨胀能计算结果

由于煤与瓦斯突出的过程相对较长，被破坏煤体的煤质通常较软，因此目前尚无可靠的设备可确切观测到煤与瓦斯突出破坏煤墙初始阶段释放的能量。煤与瓦斯突出危险性预测单项指标中，瓦斯压力临界值为 0.74 MPa，根据式（3-3）～式（3-5）可计算新安煤田二$_1$煤每立方米煤瓦斯总膨胀能达到 1.3×10^6 J，因此该煤层存在煤与瓦斯突出的危险性。

据现场观测，微震设备接收到的弹性能大于等于 10^5 J 的矿震，如果发生在距煤壁数十米范围，产生煤体冲击式破坏（即冲击地压）的概率较高；而弹性能小于 10^5 J 的矿震，则通常只能达到煤炮级别强度，可感受到较大声响和轻微震动，鲜见煤体被破坏。孕育和发动一次煤岩体冲击地压的总能量中，用于产生震动能而被微震设备接收到的弹性能通常认为占 5%～10%，苏联的研究结果更精确为 7%～8%[56]，本书取平均值，即按 7.5% 考虑，则在煤岩临空面数十米范围发动一次破坏煤体的冲击式破坏所积聚的最小能量应达到

1.3×10^6 J。该值与新安煤田二$_1$煤发生煤与瓦斯突出的最小膨胀能计算结果一致,说明新安煤田二$_1$煤发生煤与瓦斯突出最小膨胀能的计算结果是可靠的。

3.2　冲击地压作用下含瓦斯煤岩破裂灾变的路径

3.2.1　增压带超载静压加载过程含气煤层渐进灾变路径

3.2.1.1　工程案例

2009 年 8 月 10 日 14:00 左右,新义煤矿 12011 工作面的胶带输送巷掘进正头连续发生十余声煤炮,14:09 瓦斯异常涌出超限,最大浓度为 1.84%。而在 8 月 9 日 6:00 至 23:00,掘进正头瓦斯涌出浓度显著降低,反映了底板在高地压作用下向上弯曲,使煤壁增压带集中系数增大,产生"煤砖效应",煤体内游离瓦斯正常溢出通道被封闭。此后煤体内不断破裂,吸附瓦斯解吸膨胀,14 h 后在底板冲击地压作用下,通道被打通,发生瓦斯异常涌出。图 3-3 所示为该输送巷掘进正头瓦斯浓度监测曲线,曲线反映了冲击地压形成过程中底板挠曲作用下煤墙闭合瓦斯低值异常涌出的渐进准备过程,水平应力达到底板岩层抗折强度后破断冲击,激发煤与瓦斯突出。但孕育过程较短的冲击地压诱导煤与瓦斯突出观测不到此现象。

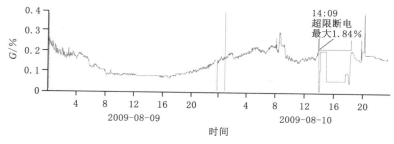

图 3-3　新义煤矿 12011 工作面的胶带输送巷掘进正头瓦斯浓度监测曲线

3.2.1.2　流固耦合灾变数值试验

使用 UDEC 离散元数值分析软件,构建高 2 m、宽 1 m 的数值分析模型,如图 3-4 所示。岩层划分为 3 层,中间层为厚度 1.2 m 的煤,上下各为 0.4 m 厚度砂岩,起到上下夹持边界作用。岩层节理网格剖分为砌砖形状,离散成三角形单元。

模型上边界为不可渗透应力边界,容许水平和垂向移动,初始施加相当于大气压力的 0.1 MPa 压力,下边界为不可渗透的垂向速度约束,容许水平向移动;左边界为不可渗透水平向约束,容许垂向移动;右边界为可渗透的自由边界,施加 0.1 MPa 初始大气压力,容许水平向和垂向移动。这与背景工程煤巷掘进头和采面中部煤层的单自由度边界、受力和瓦斯条件完全一致。

在模型顶边界中部设置监测点 1,监测应力加载情况;在预计加气位置设监测点 2,监测气体压力加载情况;在左边界设置一组监测点 3,监测气流压力、流速和煤的水平位移速率,判断灾变。

岩石块体和节理物理力学参数根据实验室测定的结果计算得出,见表 3-5。

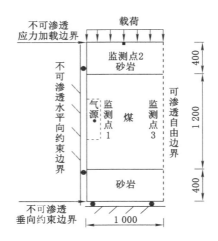

图 3-4　数值试验模型与边界条件

表 3-5　岩体物理力学参数

单元	密度 /(kg/m³)	体积模量 /GPa	切变模量 /GPa	法向刚度 /GPa	切向刚度 /GPa	黏聚力 /MPa	内摩擦角 /(°)	抗拉强度 /MPa
煤块体	1 308	4.13	1.69	—	—	1.0	23.0	0.5
煤节理	—	—	—	10.0	10.0	0.2	5.0	0.2
砂岩块体	2 778	13.33	6.51	—	—	6.0	36.0	3.0
砂岩节理	—	—	—	98.5	98.5	1.0	30.0	0.5

　　块体本构模型选用摩尔-库仑塑性模型,节理关系采用面-面接触库仑滑移模型。

　　气体选择无黏性气体,采用稳态流计算模型。每个节点按压差计算的流速乘以流体时间步长的代数和为流入域中的流体体积:

$$V_f = \sum q \Delta t_f \qquad (3-6)$$

式中　V_f——流体体积;

　　　　t_f——流体时步;

　　　　q——流体流速。

　　程序并不把这一体积立即转化成岩石位移,而是将过剩的流体储存在附于该区域上的虚拟"气囊"中,按程序内置的方程(3-7)耦合渗流。

$$p_1 = p_0 + F_p(\Delta V_s - \Delta V_d) \qquad (3-7)$$

式中　p_0、p_1——前、后力时步的域压力;

　　　　ΔV_s——最初储于虚拟气囊中的体积;

　　　　ΔV_d——域的体积增量;

　　　　F_p——常数因子。

　　在模型顶边界用位移速率形式匀速施加压载。为保持试样初期不受施加气体压力作用产生水平位移,压力加到 1.0 MPa 左右,在模型左侧煤样中部开始施加 0.4 MPa 气压,全程恒压,计算时每 10 步记录 1 个历史记录。

试验过程注意观察监测点 3,当气流压力明显高于大气压力时,流速明显加快,煤的水平位移速率明显加快,煤样内部产生劈裂张开,判断灾变发生,终止试验。

试验结果显示出低气压渗流与灾变过程呈现出以下四个特征阶段。

（1）气体常速稳态渗流阶段。在前 28% 弹性阶段（图 3-5、图 3-6 中第 1 阶段）,自由边界监测到的气体压力和流速饱和后均在一个相对较高水平渗流,将其作为常速与后期对比,相当于气体普通涌出,岩体水平位移速率平稳增加。

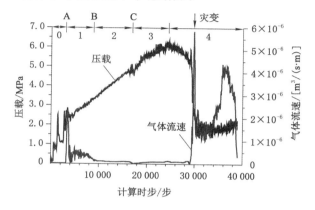

图 3-5　应力-气体流速演化关系图

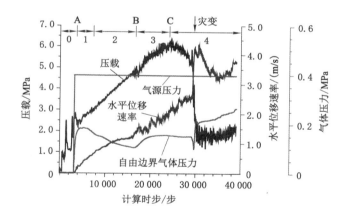

图 3-6　应力-气体压力-位移速率演化关系图

（2）气体减速稳态渗流。在后 72% 弹性阶段（图 3-5、图 3-6 中第 2 阶段）,自由边界监测到的气体压力和流速均在一个相对较低水平呈相对恒速稳态渗流,在弹性极限达到最低值,相当于现场底板挠曲煤墙闭合气体低值异常涌出渐进过程,岩体水平位移速率平稳增加。

（3）气体增速非稳态渗流。进入塑性阶段（图 3-5、图 3-6 中第 3 阶段）,自由边界监测到的气体压力升高明显,流速也有升高但不甚显著,趋于恢复常速稳态渗流状态,岩体水平位移速率无大变化,但出现"躁动"。气源处的煤开始被气压劈裂拉开,如图 3-7(a) 所示。

（4）气体非稳态渗流灾变。与物理试验相比,灾变不是出现在极限荷载处,而是在峰后不久发生（图 3-5、图 3-6 中第 4 阶段）。自由边界监测到的气体流速急速增大,压力最高达

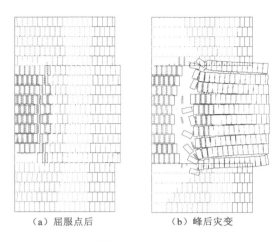

（a）屈服点后　　　　　　　　　　（b）峰后灾变

图 3-7　煤体宏观裂隙启动和灾变图

0.24 MPa，是大气压的 2.4 倍，可以发生喷出效果。气源处煤被劈裂并持续拉开，自由边界产生显著位移，岩体水平位移速率出现一次快速增大，判断产生了煤与气的耦合灾变，如图 3-7（b）所示。

综上所述，在单自由度边界条件下施加单向压载，经历了常速稳态渗流、减速稳态渗流、增速非稳态渗流、灾变异常涌出的渐进过程。对应采掘工作面，模拟了增压带静载超压过程，是增压带超载静压加载过程含瓦斯煤层渐进灾变路径，这一过程也将孕育冲击地压，能否发生冲击地压还要受其他条件影响。

3.2.1.3　灾变机理与工程应用意义

（1）工程案例和数值试验获得了一致性结果，0.4 MPa 气体压力条件、煤层承压过程应力-煤岩-气体耦合作用下，可以导致发生喷出气体和煤的灾变，在煤矿现场多表现为瓦斯异常涌出超限[57]。

（2）灾变机理为承压煤岩弹性变形前期，气体基本沿原生裂隙和孔隙呈常速稳态渗流；弹性变形后期，原生裂隙和孔隙被压密，气体呈减速稳态渗流；屈服阶段，扩容新生裂隙产生，气体呈加速非稳态渗流；达到极限荷载或峰后不久，封堵气体的煤墙破裂失稳，气体喷出灾变。弹性阶段前、后期气体渗流速度改变的分界区间和成因，需后续进一步试验判定和认识。

（3）单自由度边界条件下，承压煤样发生屈服强度软化→压密强度硬化→继续表现为弹性的现象，从而可以积累超出煤样单轴压载积累的应变能，煤样破坏剩余能量，搬运煤样做功，发生冲击失稳，诱导气体喷出。这可能是突出软煤发生冲击灾变的主要原因。

（4）正常通风条件下，气流瓦斯浓度持续降低，是发生瓦斯异常涌出的警示标志，应引起高度重视。掘进工作面 T_1 瓦斯传感器对此项指标比较敏感，采煤工作面 T_0、T_1 瓦斯传感器对此项指标比较敏感，应重点监控这些部位。监控的指标为低于正常涌出量的百分比和持续时间。根据目前的认识，掘进、采煤工作面的指标阈值不同，矿井、煤层、工作面条件对指标阈值也有影响，需要有足够多的案例对这两项指标阈值进行判定。

（5）煤矿高度重视煤与瓦斯突出。在技术不断进步和管理不断规范情况下，煤与瓦斯突出灾害已得到卓有成效的遏制，但瓦斯异常涌出超限由于其机理没有得到完全认识，容易被忽视，这也是瓦斯灾害的潜在灾源，应引起重视。

3.2.2　远场顶底板和煤层强矿震对含瓦斯煤层动力加载灾变路径

图 3-8 所示为抚顺老虎台矿 83001 采煤工作面于 2002 年 10 月 7 日发生的里氏 3.2 级底板远场的强矿震示意图。图 3-9 所示为抚顺老虎台矿 63002 采煤工作面于 2002 年 12 月 29 日发生的里氏 2.9 级顶板远场的强矿震示意图。强矿震发生前,瓦斯浓度未见明显异常,强矿震发生后很快激发了瓦斯异常涌出。

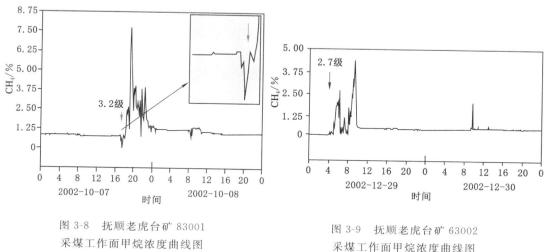

图 3-8　抚顺老虎台矿 83001
采煤工作面甲烷浓度曲线图
　　　　　图 3-9　抚顺老虎台矿 63002
采煤工作面甲烷浓度曲线图

此种加载路径有三个,分别是远场基本顶破断或断层错动、底板断层错动和煤层强矿震,如图 3-10 所示。

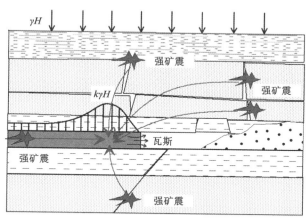

图 3-10　远场强矿震对含瓦斯煤层动力加载灾变路径

3.2.3　近场顶底板和煤层冲击地压对含瓦斯煤层动力加载灾变路径

抚顺老虎台矿为特厚煤层分层放顶煤开采,发生近场冲击地压诱导瓦斯动力灾害多见于首分层煤层的巷道掘进工作面。但由于煤层透气性好,采掘前预抽比较充分,大量出现的是冲击地压诱导瓦斯异常涌出超限,个别因局部瓦斯赋存异常和抽采不充分,发生冲击地压诱导煤与瓦斯突出。通常掘进头后方 50 m 范围发生的冲击地压诱导瓦斯异常涌出的概率较高。

2007 年 11 月 12 日 2:45,平煤十矿己$_{15-16}$-24110 工作面在采煤机由机头进刀到达机尾后向机尾返刀至 167# 架距风巷口 10 m(上滚筒位置,由机巷向风巷编号共 1#～172# 架,架间距 1.5 m)处,风巷超前支护段发生底板冲击地压,诱导采面内发生煤与瓦斯突出。该采面于 2007 年 8 月 28 日开始回采,至灾害发生时,机巷位置推进 90 m,风巷位置推进 85 m。

根据动力灾害发生的现象和采动应力分析,推断该次动力灾害类型为基本顶初次来压导致的风巷一侧底板破断冲击地压显现,此过程激发了该侧工作面内发生煤与瓦斯突出。证据如下:

(1)与典型煤与瓦斯突出相比,本次灾害瓦斯内能不强,瓦斯不是发动突出的主导因素。本次突出煤量为 2 243 t,突出瓦斯量为 47 509 m^3,吨煤瓦斯涌出量为 21.18 m^3/t,小于该煤层的瓦斯含量,也小于一般意义上煤与瓦斯突出的 30 m^3/t 涌出量,瓦斯发动突出的主导作用不显著。

2 h 后回风巷瓦斯浓度最高为 9.95%,但是仍远低于典型煤与瓦斯事故的 80%～100%。之前的瓦斯涌出量未见异常,因此表现为一个突然因素激发的突出,如图 3-11、图 3-12 所示。

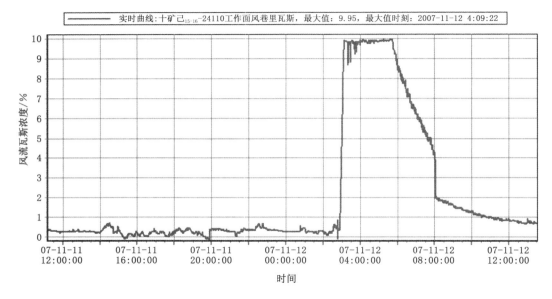

图 3-11　风巷里 T_1 瓦斯浓度监测图

该事故发生后,突出点附近有人存活;距切眼 117～133.5 m 共有 10 组隔爆水棚,长度 16.5 m,每组 6 个隔水袋,共 60 个,隔爆水袋无破损(图 3-13),无风流逆转,煤流无明显分选。

煤层原始瓦斯压力 2 MPa、瓦斯含量 25 m^3/t,但经过采前区域预抽和开采过程卸压带瓦斯抽采,大范围残余瓦斯含量和压力达到了消突要求,虽然中部存在空白带,但突出位置靠近风巷一侧,在瓦斯抽采控制范围。防突效果检验和验证指标不超限。

(2)煤与瓦斯突出点附近的近场冲击地压特征明显。风巷口超前支护段 37 m 范围内,底板出现明显的开裂和底鼓,裂缝宽度 3～250 mm,底鼓量最大达 500 mm。顶板下沉,约 200 mm;顶板断裂,切眼向外 41.7～63 m 段共计 22 根锚杆拉断;支柱折断,距切眼 65～212.9 m 间可见圆木立柱在顶部压断,如图 3-14～图 3-17 所示。

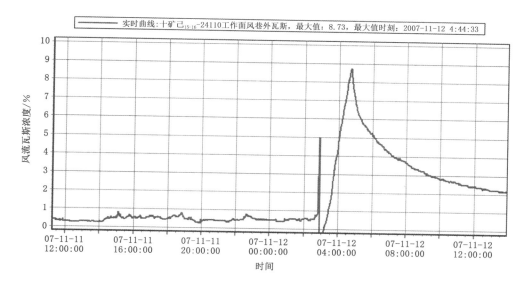

图 3-12　风巷外 T_2 瓦斯浓度监测图

图 3-13　隔爆水袋无破损

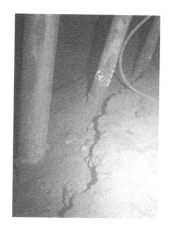

图 3-14　底板开裂和起鼓

图 3-15　顶板断裂

图 3-16　单体支柱圆木梁压裂

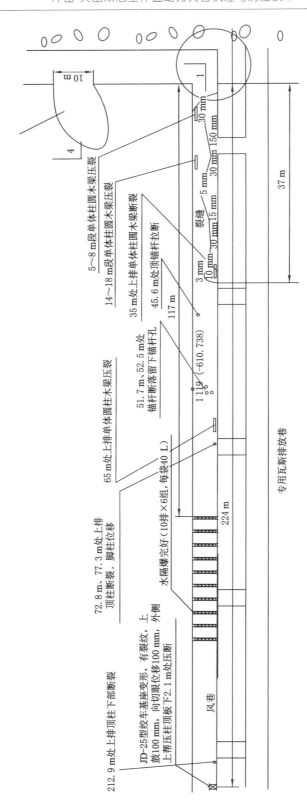

图3-17 "11·12"动力灾害现场勘查底板起鼓开裂情况

（3）工作面埋深约 1 000 m，最大主应力约 29 MPa，环境地应力强度高。

（4）突出位置距初采线 90 m 左右，根据有限元法采动覆岩移动规律和应力场数值试验，基本顶在此位置发生初次来压，工作面内增压带峰值采动应力集中系数在 2.2 左右。

（5）根据有限元法数值试验，风巷一侧由于存在多条巷道和煤柱，在基本顶发生初次来压时，巷道附近应力集中系数达到 3.2~5.4，局部应力集中程度是机巷一侧的 1.7 倍。

此种加载路径有三个，分别是近场顶破断、底板断层错动或起鼓开裂和煤层冲击地压，如图 3-18 所示。

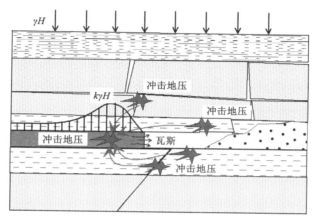

图 3-18　近场冲击地压对含瓦斯煤层动力加载灾变路径

3.2.4　远场强矿震-诱发近场冲击-对含瓦斯煤层动力加载灾变路径

1998 年 1 月至 2010 年 6 月，抚顺老虎台矿冲击地压显现 788 次，其中 306 次由里氏 2.0~3.7 级（$3.7×10^6$~$2.8×10^9$ J）远场矿震诱发，占全部冲击地压的 38.8%。其中，有 32 次远场矿震诱发近场冲击地压，诱导瓦斯异常涌出超限，占比 10.5%。这种由远场矿震诱发的近场冲击地压进而诱导瓦斯异常涌出的传导路径埋深大于 710 m 的显著增多，表明深部高应力环境下对外部流入能量响应的敏感程度增加，见表 3-6。

表 3-6　远场强矿震诱发近场冲击地压诱导瓦斯异常涌出统计表

开采水平/m	埋藏深度/m	远场强矿震诱发近场冲击地压/次	诱导瓦斯异常涌出/次
−540	620	12	0
−550	630	18	0
−580	660	1	0
−630	710	62	1
−680	760	48	5
−730	810	66	2
−780	860	52	8
−830	910	47	16
合计		306	32

此种加载路径有三个,分别是远场基本顶破断或断层错动、底板断层错动和煤层强矿震-诱发近场冲击地压-诱导煤与瓦斯突出,如图 3-19 所示。

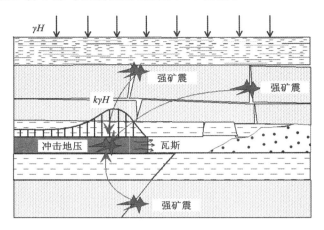

图 3-19   远场强矿震对含瓦斯煤层动力加载灾变路径

3.2.5   关于远、近场的定量认识

当瓦斯内能不足或尚未达到突出临界状态下,外部能量源输入的能量可以补充瓦斯内能的不足或直接破坏含瓦斯煤体,造成瓦斯异常涌出或提前发动煤与瓦斯突出。

抚顺老虎台矿存在近场顶板破断震动冲击、底板破断震动冲击、煤体冲击地压、远场强矿震和甚远场地震等五种外部能量流入形式,均可通过微震设备直接测得释放的弹性能[58]。

外部冲击震动流入的能量,与传播路径介质性质和传播路径距离有关。在特定矿山介质条件下,是传播路径距离的幂指数衰减函数。单位体积煤的外部流入的弹性能量可表达为:

$$E_w = E_0 r^{-\alpha} \tag{3-8}$$

式中 E_0——外部能量源发出的弹性能;

　　　　r——传播路径的距离;

　　　　α——衰减系数,与传播路径介质性质有关。

衰减系数 α 通常用人工爆破方法获取,但小当量爆破受介质和结构不均匀的影响较大。中国地震局地球物理研究所于 2007 年 12 月 12 日在河北怀来县实施了单次爆炸药量 50 t 的科学爆破,华北盆地和周边的 359 个地震观测台站获爆破记录,本书用 11 个 4 000 m 内地震台测得的爆破震动资料获得如下的峰值速度衰减规律:

$$v_{max} = 14\ 834 x^{-1.319\ 68} \quad (R^2 = 0.998) \tag{3-9}$$

式中 v_{max}——地震动峰值速度,m/s;

　　　　x——震中距,m。

能量等价于速度和加速度的衰减,故而得到衰减系数 α 为 $-1.319\ 68$。

对于近场冲击地压和远场强矿震能量输入可诱发煤体破裂而导致瓦斯异常涌出或煤与瓦斯突出的最大距离计算结果见表 3-7、图 3-20、图 3-21。根据对冲击地压和矿震破坏情况的观测与现场调查,这个计算结果可以接受。

表 3-7　冲击地压和强矿震能量输入可诱发煤体瓦斯异常涌出的最大距离

冲击震动强度(M_L)	可偶然诱发的最大距离/m	可经常诱发的最大距离/m
0.5 级(10^4 J)	5	2
1.1 级(10^5 J)	20	5
1.7 级(10^6 J)	50	20
2.2 级(10^7 J)	150	50
2.8 级(10^8 J)	700	150
3.4 级(10^9 J)	3 500	700

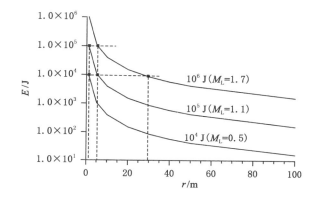

图 3-20　近场低能量冲击地压的能量输入衰减

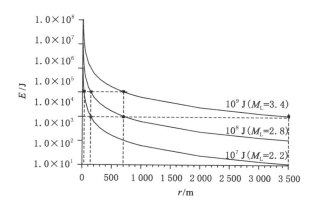

图 3-21　远场高能量矿震的能量输入衰减

综上所述,距工作面半径 50 m 以内范围为近场,大于工作面半径 50 m 则为远场。

3.2.6　逼近封闭正断层采掘过程灾变路径

在逼近封闭正断层采掘过程中,如果断层内封存有瓦斯,则有爆裂冲击灾变的可能,逼近封闭正断层过程灾变危险性增高。

1997 年 5 月 28 日,抚顺龙凤矿在封闭断层附近采掘,储气构造卸荷爆裂发生里氏 0.4 级冲击地压,富集于断层内的大量高浓度瓦斯瞬间涌出,空气中甲烷浓度达到爆炸极限。恰逢冲击地压导致金属支架和设备撞击产生火花,引起瓦斯爆炸,69 人殉职。

3.2.7 矿震冲击地压作用下含瓦斯煤岩破裂灾变路径

冲击地压作用下含瓦斯煤岩破裂灾变有五个路径,即增压带超载静压加载过程含气煤层渐进灾变路径,远场顶底板和煤层强矿震对含瓦斯煤层动力加载灾变路径,近场顶底板和煤层冲击地压对含瓦斯煤层动力加载灾变路径,远场顶底板和煤层强矿震-诱发近场冲击地压-对含瓦斯煤层动力传导加载灾变路径,逼近封闭含瓦斯正断层采掘过程路径。同样的,距工作面 50 m 半径以内范围为近场,大于 50 m 则为远场。

3.3 冲击地压作用下含瓦斯煤岩流固耦合破裂模式

现场调查表明,由于冲击地压作用于消突后的含瓦斯煤层,煤层破裂的模式与典型的瓦斯为主导的煤与瓦斯突出有很大的差异,由此也将导致含瓦斯煤层灾变的类型有别于典型的煤与瓦斯突出。研究认识到,冲击地压作用下含瓦斯煤岩流固耦合破裂有以下四种模式[59-60]。

3.3.1 增压带煤墙静压超载过程闭合-张开破裂模式

义煤新义煤矿为煤与瓦斯突出矿井。12011 掘进工作面煤层埋深 620 m,经区域消突后,直接法测定残余瓦斯压力 $p < 0.6$ MPa,残余瓦斯含量 $W < 6$ m³/t。该矿按防突规定的原则,测定本工作面突出危险阈值分别为钻孔瓦斯涌出初速度 $q \geqslant 3.5$ L/min,钻屑瓦斯解吸指标 $\Delta h_2 \geqslant 140$ Pa,钻屑量 $S \geqslant 4.0$ kg/m。掘进头风流瓦斯浓度 $C_g = 0.8\%$ 为自动控制上限。上述指标国家标准分别为 $p \geqslant 0.74$ MPa、$q \geqslant 5$ L/min、$\Delta h_2 \geqslant 200$ Pa、$S \geqslant 6.0$ kg/m、$C_g = 1.0\%$,该矿的危险阈值均严于国家标准。

2009 年 8 月 10 日 14:00,12011 掘进工作面正头持续发生十余声煤岩破裂声响,14:09 瓦斯异常涌出超限后自动断电,现场调查发现底板起鼓断裂。掘前防突措施后效果检验,钻孔瓦斯涌出初速度最大值 $q = 2.4$ L/min,钻屑瓦斯解吸指标最大值 $\Delta h_2 = 120$ Pa,钻屑最大值 $S = 2.3$ kg/m,掘进正头(T_1)风流瓦斯浓度小于 0.3%(图 3-22),各项指标均不超过危险阈值,表明掘进头煤层瓦斯压力、含量和涌出量均在安全值范围。

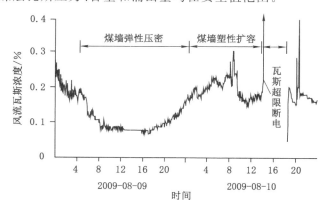

图 3-22　增压带煤墙静压超载过程瓦斯监测曲线

图 3-22 所示灾变过程为增压带煤墙静压超载过程,是煤墙闭合-张开破裂导致的含瓦

斯煤层灾变。

　　瓦斯渗流经历了三个阶段:第 1 阶段,8 月 9 日 4:00 至 8 月 10 日 1:30(持续 21.5 h),掘进正头瓦斯涌出浓度出现显著持续降低,反映了煤墙弹性压密闭合、瓦斯减速稳态渗流过程;第 2 阶段,8 月 10 日 1:30 至 14:00(持续 12.5 h),瓦斯涌出浓度不稳定回升接近正常水平,甚至有突变,反映煤层承压塑性扩容、瓦斯恢复非稳态渗流过程;第 3 阶段,瓦斯突然大量异常涌出超限,瓦斯增速非稳态渗流灾变过程,供电系统自动断电。现场调查可见掘进头后方底板起鼓开裂。

　　这一过程由于某一因素的影响导致冲击地压没有发生,但其孕育过程中的静压导致了煤与瓦斯突出的发生。

3.3.2　冲击地压矿震动压诱导破裂模式

3.3.2.1　工程案例

　　抚顺老虎台矿为高瓦斯矿井,其硬分层煤有冲击地压危险,软分层有煤与瓦斯突出危险。63002 掘进工作面采(埋)深约 730 m,软分层煤坚固性系数 f 为 0.33～0.45,破坏类型为Ⅲ、Ⅳ,经区域和局部消突措施,煤层残余瓦斯压力 $p<0.5$ MPa、残余瓦斯含量 $W<5$ m³/t。

　　2002 年 10 月 22 日 17:21,北巷道掌子头后方巷道底板深部发生里氏 1.7 级矿震,17:30 掌子头以外 6 m 巷道底鼓 0.2 m,T_1 传感器监测到瓦斯异常涌出超限,如图 3-23 所示。之前局部突出危险性连续预测指标均不超过危险阈值;巷道内气流瓦斯浓度不超限(<1%);之前和后续开采均未发现地质异常。

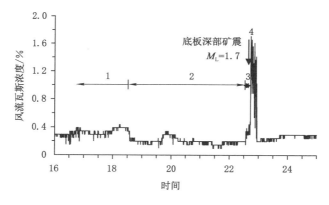

图 3-23　掘进巷道 T_1 传感器瓦斯浓度监测曲线

　　图 3-23 所示灾变过程为一次底板来压过程,其瓦斯渗流可分为四个阶段:第 1 阶段,瓦斯正常普通涌出;第 2 阶段,18 日 13:55 至 22 日 13:40,大致 4 天的气流瓦斯浓度持续稳定降低,反映底板挠曲、煤层压密闭气、瓦斯减速稳态渗流过程;第 3 阶段,22 日 13:40 至 17:30,约 4 h 的气流瓦斯浓度不稳定回升,反映煤层承压塑性扩容、瓦斯非稳态速度恢复渗流过程,底板深部发生矿震,证明了底板来压的存在;第 4 阶段,底板矿震后 8′23″,底板起鼓,瓦斯异常涌出灾变,反映支撑压力区煤层快速破裂失稳、瓦斯非稳态增速渗流灾变过程。类似案例在该矿多见,义煤新义矿也曾发生 3 次。

3.3.2.2 灾变机理分析

典型案例和流固耦合试验均显示,含低气压煤岩承压灾变存在瓦斯(气体)普通涌出、低值异常涌出和高值异常涌出灾变三个阶段,其力学机理讨论如下。

(1)第一阶段,瓦斯普通涌出。

矿压"三带"理论将采掘工作矿压划分为卸压带 A、增压带 B 和稳压带 C,如图 3-24 所示。煤层应变和渗流分区为:卸压带 a_1 经过塑性应变扩容,压张裂隙发育;增压带外侧的塑性应变带 b_1 经过煤体扩容,剪张新生裂隙发育,其与卸压带 a_1 内瓦斯均可解吸游离自由放散;增压带里侧为弹性应变增压带 b_2,其原生裂隙处于压密状态,瓦斯以吸附态为主,有相对恒速稳定的瓦斯沿裂隙渗流;稳压带 C 是受采动影响小于 5% 的区域,可视为原岩应力状态,孔隙、裂隙处于原生状态,瓦斯处于吸附状态。

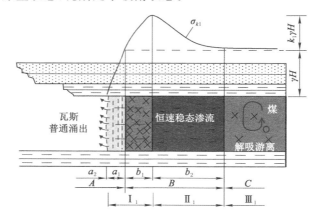

k_1—40%弹性极限前采动应力集中系数;γ—覆岩容重;H—覆岩厚度;σ_{k_1}—采动竖向应力函数曲线。

图 3-24 煤层瓦斯普通涌出应力-应变-渗流场

研究发现,由于实施区域消突措施,突出煤层采掘前的稳压带内已受防突措施扰动,不再是原生孔隙、裂隙,而是次生裂隙比较发育,瓦斯赋存状态也由吸附变为解吸游离。在增压带 b_2 压密闭合条件下,瓦斯可在稳压带 C 内富集。因此,采掘前方的煤层应变场可划分为塑性扩容带 I_1(卸压带+塑性增压带)、弹性压密带 II_1(弹性增压带)和扰动裂隙带 III_1(稳压带),对应的瓦斯渗流场分别为瓦斯解吸放散带、瓦斯渗流带和瓦斯解吸游离带。

结果表明,在弹性压密带 II_1 峰值压力达 40% 弹性极限前,瓦斯渗流场在扰动裂隙带 III_1 为瓦斯解吸游离,弹性压密带 II_1 为瓦斯恒速稳态渗流,塑性扩容带 I_1 为瓦斯解吸恒速稳态放散,煤层瓦斯普通涌出,如图 3-24 所示。

(2)第二阶段,瓦斯低值异常涌出。

根据太沙基地基受力状态分析,采动压力作用下,底板岩石分为主动承压区 I'、过渡区 II' 和被动承压区 III'。被动承压区 III' 变形,导致煤壁后方空区底板起鼓,对卸压带 a_1 施压,在增压带压力联合作用下,峰值压力弹性极限区间为 40%～100%,弹性增压带被压密闭合,造成扰动裂隙带 III_2 为瓦斯解吸游离富集、弹性压密带 II_2 为瓦斯减速稳态渗流,瓦斯放散带封闭。塑性扩容带 I_2 同时受到底鼓闭合作用,变为瓦斯减速稳态放散、低值异常涌出,如图 3-25 所示。但与增压带静载超压闭合-张开破裂模式相比,该阶段的低值异常不显著,或过程短暂,抑或不出现低值异常。

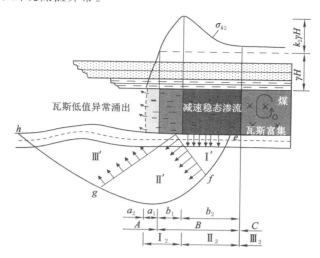

k_2—40%～100%弹性极限采动应力集中系数;γ—覆岩容重;H—覆岩厚度;σ_{k_2}—采动竖向应力函数曲线。

图 3-25　底板起鼓煤层瓦斯低值异常涌出应力-应变-渗流场

（3）第三阶段,瓦斯高值异常涌出灾变。

增压带峰值压力超过弹性极限后,上阶段弹性压密带Ⅱ$_2$变为屈服扩容带Ⅱ$_3$,产生大量裂隙,渗流通道被打通,瓦斯渗流场变为增速非稳态渗流回升(图 3-26);密闭在扰动裂隙带Ⅲ$_3$的解吸游离富集瓦斯持续为非稳态增速渗流提供动力,甚至加速提高通道的渗透率;塑性扩容带Ⅰ$_3$为瓦斯解吸非稳态放散(高值异常涌出及灾变)。

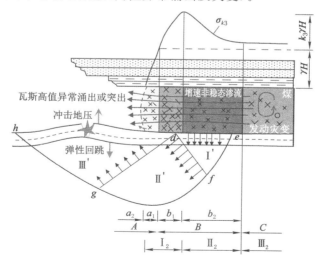

k_3—大于弹性极限采动应力集中系数;γ—覆岩容重;H—覆岩厚度;σ_{k_3}—采动竖向应力函数曲线。

图 3-26　底板冲击煤层瓦斯高值异常涌出应力-应变-渗流场

以下两种情况可导致灾变发生:① 顶底板静压超过煤层屈服极限;② 如底板起鼓过程发生破断冲击,叠加的动载与采动应力之和超过屈服极限荷载,底板冲击后的弹性回跳又为瓦斯溢出打开了通道,如图3-26所示。屈服扩容带Ⅱ₃破裂失稳,密闭在扰动裂隙带Ⅲ₃的解吸游离富集瓦斯持续为非稳态增速渗流提供动力,发动高值瓦斯异常涌出灾变,喷出或煤与瓦斯突出。

总而言之,在冲击地压动载作用下,煤层封闭瓦斯的通道被快速打开,是导致消突煤层发生低指标瓦斯灾变的主要原因。

此种模式的灾变类型可细分为六种类型:远场顶底板和煤层强矿震对增压带含瓦斯煤层动力加载灾变模式,近场顶底板和煤层冲击地压对含瓦斯煤层动力加载灾变模式。

3.3.2.3 工程应用意义

采动应力作用下,煤层增压区的压密-闭气,稳压区瓦斯的解吸-富集,增压区超载-失稳破裂-卸载-打开瓦斯渗流通道过程,特别是冲击地压动载作用下快速打开煤墙封闭瓦斯的通道,是导致消突煤层发生低指标瓦斯灾变的主要原因。

消突煤层发生的低指标瓦斯灾变,现场多表现为瓦斯异常涌出超限,其灾变过程容易被忽视。

正常通风条件下,气流瓦斯浓度持续降低,大概率随后会发生瓦斯异常涌出或复合冲击地压。需要注意的是,冲击地压动载作用下的瓦斯低值异常涌出不显著或不出现。

煤巷底鼓,以往更为关注的是巷道稳定性和冲击地压。突出煤层采掘,即使基本不具备构成灾害能量的底鼓和冲击地压,也可导致瓦斯灾害低指标发生,这是应引起重视的新问题。

3.3.3 增压带煤墙静压-冲击地压矿震动压叠加破裂模式

此类破裂模式是前述两类破裂模式的组合形式。

3.3.3.1 工程案例

抚顺老虎台矿55002采煤工作面开采二分层埋深约660 m,软分层煤坚固性系数 f 为0.33～0.58,破坏类型为Ⅲ、Ⅳ,经保护层开采和其他区域消突措施,煤层残余瓦斯压力为0.14～0.41 MPa,经评价各项指标均达到安全开采条件,采煤过程连续进行局部危险性预测不超标。开采时,上隅角 T_0 瓦斯传感器监测到的风流瓦斯浓度常态约为0.5%的普通涌出。

2010年2月17日7:58,风流瓦斯浓度开始出现低值异常(图3-27),持续33′14″,发生

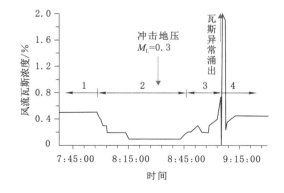

图3-27 回采巷道 T_0 传感器瓦斯浓度监测曲线

一次里氏 0.3 级底板深部冲击,采面无显现。之后风流瓦斯浓度仍处于低值异常,最小值 0.04%,持续到 8:46 瓦斯浓度开始不稳定回升,低值异常总计持续 48 min。经过 19′56″的不稳定恢复,9:05:56 发生瓦斯异常涌出,最大值为 2.05%,监控系统自动断电停机 1′49′后,经风排瓦斯浓度达到复电阈值自动重计。之前和后续开采均未发现地质异常。

图 3-27 所示低瓦斯指标灾变过程为一次底板来压与冲击过程所致。瓦斯渗流和涌出可分为四个阶段:

(1) 第 1 阶段:瓦斯普通涌出,反映瓦斯常态渗流,导气通道以原生裂隙为主,煤层压力处于弹性阶段前期,采面超前区段处于前次来压的峰后期,矿压处于卸压、稳压或少量增压状态,压力峰值已前移。

(2) 第 2 阶段:气流瓦斯浓度持续 48 min 的稳定降低,反映回采推进、顶板悬臂加长、采动应力峰值增大,传递到底板卸压区,在残余构造应力和采动应力水平分量作用下,底板发生挠曲→对增压带煤层施压→导气通道闭合→瓦斯减速稳态渗流→瓦斯低值异常涌出过程。里氏 0.3 级的底板冲击证明了底板来压过程的存在,但由于震源处于底板深部,冲击能量又较低,并未立即改变煤层压力和裂隙状态,开采继续推进,采动应力增强,但时间较短,没有充分时间使采动应力向前转移,对原承压煤层部位继续加压,处于弹性阶段后期,持续压密导气裂隙。

(3) 第 3 阶段:有近 20 min 的气流瓦斯浓度不稳定回升,反映煤层内新生导气裂隙产生,瓦斯非稳态快速恢复渗流和涌出过程,说明煤层承压产生了塑性扩容,同时底板冲击应力波作用于煤层产生了效果,使煤层达到了临界灾变应力-应变条件。

(4) 第 4 阶段:瓦斯异常涌出灾变,反映支撑压力区煤层在采动应力静压、水平构造应力和底板冲击动压联合作用下的快速破裂失稳→导气通道打通→瓦斯非稳态增速渗流→高值异常涌出灾变过程。如果第 2、3 阶段有充足的时间,使采动应力向前转移,也可能不会演变到第 4 阶段的灾变。

老虎台矿 63001 工作面采深约 710 m,软分层煤坚固性系数 f 为 0.33~0.45,破坏类型为 Ⅲ、Ⅳ,经区域和局部消突措施,煤层残余瓦斯压力 $p < 0.5$ MPa、残余瓦斯含量 $W < 5$ m³/t。2002 年 12 月 13 日 17:45,采面顶板来压,架前煤层片帮,瓦斯异常涌出,T_1 传感器监测瓦斯浓度最高达 3.25%,如图 3-28 所示。之前未监测到矿震,工作面内也无震感;局部突出危险性连续预测指标均不超标;巷道内气流瓦斯浓度不超限(<1%);之前和后续开采均未发现地质异常。瓦斯异常涌出 8 min 后,远场顶板破断,发生一次里氏 2.0 级矿震,采面内有震感。

图 3-28 所示灾变过程为一次顶板来压与冲击过程所致,瓦斯渗流可分为三个阶段:第 1 阶段,大致 4 天的气流瓦斯浓度持续稳定降低,反映顶板下沉、煤层压密闭气、瓦斯减速稳态渗流过程;第 2 阶段,约有 1 天的气流瓦斯浓度不稳定回升,甚至有突变,反映煤层承压塑性扩容,瓦斯非稳态速度恢复渗流过程;第 3 阶段,瓦斯异常涌出灾变,反映煤壁快速破裂失稳(片帮)、瓦斯非稳态增速渗流灾变过程。8 min 后的远场顶板矿震,佐证了顶板来压过程的存在。

大量类似案例表明,在正常通风条件下,气流瓦斯浓度持续降低,极大概率会发生瓦斯异常涌出或复合冲击地压。但反之,发生瓦斯异常涌出或冲击地压复合的瓦斯异常涌出,不一定都能观测到瓦斯低值异常涌出过程。冲击能量较低、震源距较大时,诱发瓦斯灾变的延

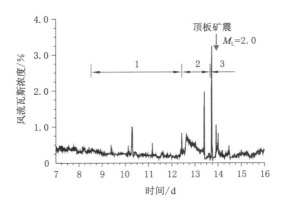

图 3-28　顶板来压作用下瓦斯异常涌出过程

迟时间较长;而冲击能量较高、震源距较小时,诱发瓦斯灾变的延迟时间较短。灾变与瓦斯低值异常涌出过程持续时间越长,说明受压致密的时间越长,密闭煤层中富集的游离瓦斯越多,后期发生瓦斯高值异常涌出灾变的概率越高,瓦斯涌出量越大。

持续跟踪调查表明,此类情况除在抚顺老虎台矿多见外,平煤十矿、八矿、十二矿,义煤新义矿和淮北海孜矿也曾发生过此类灾变,并非偶然和随机现象。

3.3.3.2　流固耦合物理试验

模拟煤巷掘进头和采掘工作面中部煤层的单自由度边界和受力条件,通过对含低气压煤样进行加压物理试验,考察灾变全程应力、声发射、渗流场演化特征,从物理试验角度认识受载煤样低气压灾变的成因机制。

试验装置由岩石力学伺服试验机、双向加载渗透性试验装置、声发射系统、气体质量流量计、高精度压力传感器、静态电阻应变仪等构成。

选取原煤试样,力图保持煤的原始结构和孔隙、裂隙状态。煤样取自平顶山煤田己[15-16]突出煤层中的偏硬层,加工成精度满足岩石力学试验要求的规格立方体大试样(150 mm×150 mm×150 mm)。试样两端面的平行度偏差不大于 0.005 cm,试件精度满足常规岩石力学试验要求。

试验目的是考察承压煤样气固耦合作用下瓦斯渗流物理过程。考虑甲烷和氮气吸附具有相似性,且在低气压、常温、短时间(20 min)、块体原煤试样条件下,甲烷吸附作用有限,加之安全因素考量,试验气体为 0.4 MPa 恒压氮气(N₂)。

当声发射计数达到显著峰值,煤样自由表面产生大量宏观裂缝,有碎块脱落,气流渗透显著加快,甚至气体伴有煤粒喷出,判定为发生灾变,终止试验。

渗透率计算服从达西定律:

$$q = -\frac{k}{\mu} \cdot \frac{\mathrm{d}p}{\mathrm{d}x} \qquad (3-10)$$

式中　　q——流速;

　　　　k——渗透率;

　　　　μ——动力黏度系数(N₂ 取 0.176×10⁻⁴ Pa·s);

　　　　p——气体压力;

$\mathrm{d}p/\mathrm{d}x$——压力梯度,用 G_p 表示。

由式(3-10)得渗透率表达式为:

$$k = \frac{q\mu}{G_\mathrm{p}} \tag{3-11}$$

试验中实测气体的瞬时流速,根据不同时间段的压力梯度变化,计算得到各时段煤样的渗透系数。

如图 3-29 所示,低气压渗流与灾变过程显示出以下四个特征阶段:

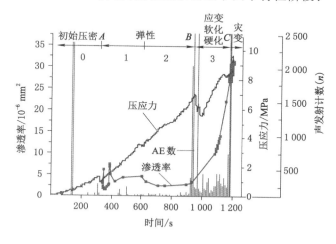

图 3-29　渗流灾变试验综合成果图

（1）原生裂隙常速稳态渗流阶段

压应力加载到 1.1 MPa 时,通过透气板施加0.4 MPa恒压氮气。加载到 1.3 MPa 弹性下限(特征点 A),出现一次显著应力下降,分析为取样卸载加工过程的裂隙受压闭合。加气初期,渗透率经躁动后趋于饱和平衡,归于常态。大致在弹性阶段的前 40% 部分(图 3-29 中第 1 阶段),声发射事件数和计数较少,气体沿原生裂隙呈相对恒速稳态渗流,将其作为一个初始常速与后期进行对比,为自由端气体普通涌出提供相对稳定的渗流通道。

（2）原生裂隙压密减速稳态渗流

在弹性阶段的后 60% 部分,声发射事件数和计数仍较少,气体渗透率显著持续降低,减速稳态渗流,煤样自由端仍未见显著变化,这表明原生裂隙显著压密,气流通道变小,气体产生低值异常涌出。

（3）扩容新生裂隙增速非稳态渗流

加载到 7.0 MPa 弹性上限或屈服点(特征点 B),声发射事件数和计数出现显著高峰,再次出现显著应力下降,大体为该组煤样的单轴无侧限抗压强度,因本试验 5 个面有约束,因此,煤样屈服强度软化后,又继续压密,表现为压密应变强度硬化。气体呈增速非稳态渗流,指示内部新生导气裂隙产生。之后声发射事件数持续处于较高水平,煤样自由端表面产生显著宏观裂纹,并有溢出气感。说明煤样新生裂隙不稳定发展。试验结束时,煤样透气板一侧以碎糜为主、开敞侧以碎裂为主,如图 3-30 所示。如持续恒压加气,煤粉与气体可持续喷出。

（4）宏观裂隙气体非稳态渗流灾变

（a）供气端   （b）自由端

图 3-30　试验结束后煤样状态

继续加载到 8.7 MPa，达到本试验边界条件的极限破坏荷载（特征点 C），声发射计数达到全程最高峰，煤样自由端表面产生大量宏观裂缝，有碎块脱落和声响，气体伴有煤粒喷出，判定为发生灾变，停止试验。

综上所述，含 0.4 MPa 氮气的煤样，煤的坚固性系数 f 为 0.65，在单自由度边界条件下施加单向压载，渗透率经历了常速稳态渗流、减速稳态渗流、增速非稳态渗流、灾变异常涌出过程，渗透率并非是受加载作用单调下降过程。这与一些学者观察到的现象有所不同。

3.3.3.3　机理分析

（1）瓦斯恒速稳态渗流（普通涌出）条件

经典的矿压"三带"理论将采动矿压划分为卸压带 A、增压带 B 和稳压带 C，如图 3-31 所示。苏联马凯耶夫煤矿安全研究院在对煤层平巷工作面实际观测后，提出工作面前方煤体应变可分为挤出带（卸压带 a_1）、压缩带（增压带 B）、未扰动煤体带（稳压带 C）。采掘工作面前方煤层的卸压带 a_1 经过塑性应变扩容，压张裂隙发育。增压带由两部分构成，外侧为塑性应变增压带 b_1，煤体扩容，剪张新生裂隙发育，其与卸压带 a_1 内瓦斯均可解吸游离放散；而里侧为弹性应变增压带 b_2，其原生裂隙处于压密状态，瓦斯以吸附态为主，有相对恒速稳定的瓦斯渗流。稳压带 C 是受采动影响小于 5% 的区域，可视为原岩应力状态，孔隙、裂隙处于原生状态，瓦斯处于吸附状态。

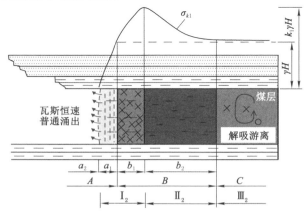

k_1—40% 弹性极限前采动应力集中系数；γ—覆岩容重；H—覆岩厚度；σ_{k_1}—采动竖向应力函数曲线。

图 3-31　煤层瓦斯普通涌出应力-应变-渗流场

研究发现,突出煤层采掘前必须实施区域消突措施,稳压带内已受防突措施扰动,不再是原生孔隙、裂隙,而次生裂隙比较发育,瓦斯赋存状态也由吸附变为可解吸游离。在增压带 b_1 压密条件下,瓦斯可在稳压带内富集或局部富集。因此,本书将采掘前方煤层应变场划分为塑性扩容带 I_1(卸压带+塑性增压带)、弹性压密带 II_1(弹性增压带)和扰动裂隙带 III_1(稳压带),对应的瓦斯渗流场分别为瓦斯解吸放散带、瓦斯渗流受阻带、瓦斯解吸游离带。

结果表明,在弹性压密带 II_1 峰值压力达 40% 弹性极限前,瓦斯渗流场在扰动裂隙带 III_1 为瓦斯解吸游离,弹性压密带 II_1 为瓦斯恒速稳态渗流,塑性扩容带 I_1 为瓦斯解吸恒速稳态放散(普通涌出)。

（2）瓦斯减速稳态渗流(低值异常涌出)条件

增压带峰值压力在 40%～100% 弹性极限区间时,瓦斯渗流场在扰动裂隙带 III_2 为瓦斯解吸游离富集,弹性压密带 II_2 为瓦斯减速稳态渗流,塑性扩容带 I_2 为瓦斯解吸稳态放散(低值异常涌出),如图 3-32 所示。

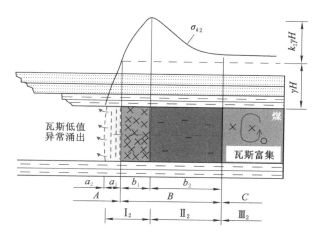

k_2—40%～100%弹性极限采动应力集中系数;γ—覆岩容重;H—覆岩厚度;σ_{k_2}—采动竖向应力函数曲线。

图 3-32　煤层瓦斯低值异常涌出应力-应变-渗流场

（3）瓦斯增速非稳态渗流(高值异常涌出及灾变)条件

增压带峰值压力超过弹性极限后,上阶段弹性压密带 II_2 变为屈服扩容带 II_3,产生裂隙,渗流通道被打通,瓦斯渗流场变为非稳态增速渗流回升,如图 3-32 所示。密闭在扰动裂隙带 III_3 的解吸游离富集瓦斯持续为非稳态增速渗流提供动力,甚至加速提高通道的渗透率;塑性扩容带 I_3 为瓦斯解吸非稳态放散(高值异常涌出及灾变)。

超过屈服极限后,屈服扩容带 II_3 破裂失稳,密闭在扰动裂隙带 III_3 的解吸游离富集瓦斯持续为非稳态增速渗流提供动力,发动高值瓦斯异常涌出灾变(喷出超限)。如果顶板下沉或底板起鼓过程发生破断冲击(图 3-33),叠加的动载与采动应力之和超过屈服极限荷载,高值瓦斯异常涌出灾变将提前发动。如果密闭在扰动裂隙带 III_3 的解吸游离富瓦斯压力和含量充沛,则可发生煤与瓦斯突出。

3.3.3.4　工程应用意义

现场 0.6 MPa 瓦斯压力、试验 0.4 MPa 氮气压力条件下,承压煤样在应力-应变-渗流

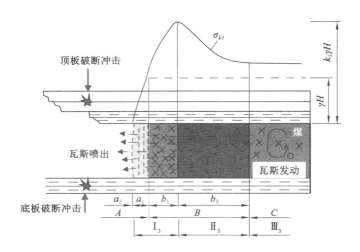

k_3—大于弹性极限采动应力集中系数;γ—覆岩容重;H—覆岩厚度;σ_{k_3}—采动竖向应力函数曲线。

图 3-33　煤层瓦斯高值异常涌出及灾变应力-应变-渗流场

场耦合作用下可以灾变为气体非稳态渗流灾变。现场多表现为瓦斯异常涌出超限,严重时可发生煤与瓦斯突出。试验表现为气流伴有煤粒快速喷出。

　　在防突措施扰动下,稳压区煤层的裂隙已不再是原生状态,而是有大量次生裂隙产生,为瓦斯解吸游离创造条件,可局部富集,也是瓦斯异常涌出或突出的发动区。

　　根据峰值应力,定量划分出采动超前区段瓦斯赋存状态"三带"动态演化范围和特征,定量数值还要在后续的大量试验中修正。

　　采动静-动应力作用下,超前区段应力-应变-渗流场的演化是导致消突煤层的瓦斯普通涌出→低值异常涌出→高值异常涌出→喷出或突出灾变演化的原因。

　　现场条件下,顶板破断冲击、底板破断冲击动力复合作用下,将会激发低瓦斯灾变提前发动。

　　此种模式的灾变类型也可细分为六种类型:远场顶底板和煤层强矿震对增压带含瓦斯煤层动力加载叠加灾变模式,近场顶底板和煤层冲击地压对含瓦斯煤层动力加载叠加灾变模式。

3.3.4　储气构造破裂(冲击)灾变模式

　　逼近封闭的正断层开采过程,容易引发断层活化冲击震动,如果封存有瓦斯,则可灾变成煤与瓦斯突出或瓦斯突出。

3.4　冲击地压作用下含瓦斯煤层灾变的类型

　　综合分析前述研究内容,冲击地压作用下含瓦斯煤层灾变根据力源、加载路径和破裂模式,可分为以下类型:

　　(1) 按导致含瓦斯煤层低指标灾变的力源分类,可分为增压带静载灾变型、冲击地压矿震动载灾变型、增压带静载+冲击地压矿震动载叠加灾变型,断层卸荷残余构造应力释放。

　　(2) 按导致含瓦斯煤层低指标灾变的加载路径分类,可分为近场增压带静载传导型、远场顶板强矿震诱导型、远场底板强矿震诱导型、远场煤层强矿震诱导型、近场顶板冲击地压诱导型、近场冲击地压诱导型、近场煤层冲击地压诱导型、近场顶板冲击地压诱导型、近场冲击地压诱导型、近场煤层冲击地压诱导型,逼近断层卸荷残余构造应力释放。

3.5　深部开采临界深度的定量判定方法

地下深部资源开采所产生的岩体力学现象与浅部开采相比存在显著差异,因此,"深部开采"问题和"深部"的概念引起国内外学者的广泛关注。定性的认识是:由于矿床埋藏较深而使开采过程出现一些在浅部开采时较少遇到的技术难题的矿山开采和开采深度。定量的认识有:根据矿山开采难易程度和灾害严重程度等统计指标,有着深井开采历史的许多国家一般认为,600 m 为深井开采的临界深度。英国和波兰将"深部"的界限界定为750 m,而南非、加拿大、德国等界定为 800~1 000 m[61-63]。我国学者徐则民等[64]、景海河[65]认为,煤矿与金属矿的所谓"深部"界限存在显著差异,我国深部资源开采的深度可界定为:煤矿 800~1 500 m,金属矿山 1 000~2 000 m;梁政国[66]根据采场生产中动力异常程度、一次性支护适用程度、煤岩自重应力接近煤层弹性强度极限程度和地温梯度显现程度等综合指标判据,提出煤矿 700~1 000 m 为一般深部,1 000~1 200 m 为超深部;钱七虎[67]提出,深部岩体工程围岩中,出现破裂区和非破裂区多次交替的现象,分区破裂化现象是深部岩体工程响应的特征和标志;何满潮[68]提出,深部开采的临界深度,是工程岩体最先开始出现非线性力学现象的深度。

老虎台矿有百年开采历史,伴随开采由浅入深以及 40 余年的微震观测连续完整资料,具备探索深部非线性动力响应临界区的基本条件。本书通过对采矿引起的井田范围矿震以及冲击地压和矿震与瓦斯能量相互作用等特殊动力响应的现场观测、调查与数据分析,探索采动岩体力学行为的演变过程,力图建立老虎台井田地质与开采条件下深部开采"临界深度"的定量判定方法,深化对"深部开采"这一工程科学问题的认识,并企盼有益于同类矿山的矿压防治[69]。

3.5.1　采动岩体"视本构关系"及其反映出的岩体力学行为

本构关系是反映岩体力学行为最直接和有效的途径。但迄今为止,关于本构关系的岩石力学试验还仅限于实验室米级以下试样,对于更大尺度且不完整、不连续、不均匀岩体的本构关系很难求得。

在地应力及采矿活动规律性较强的矿山,岩体的地应力强度、状态及时空分布可通过现场绝对应力测量得到,但在加载条件下大尺度岩体的应变响应却不易获得。假设此类矿山的采矿活动产生活动性较高的矿震,则不同深度的开采活动相当于在相应围压的大尺度岩体内局部开挖卸荷,释放聚集的弹性应变能。如果这种应变能得以较充分释放并可测度,由此建立的大尺度岩体应力与弹性应变能释放的统计力学关系称为岩体的"视本构关系",则可作为岩体应力-应变关系的相似测度。

在老虎台井田,用应力解除法现场原位地应力测量的结果表明,最大和最小主应力近于水平,中等主应力近于垂直。测试区间主应力强度与岩石的埋藏深度呈线性关系,回归得出最大主应力 σ_1（MPa）与埋藏深度 H（m）的关系如下:

$$\sigma_1 = 0.030\,5 + 0.040\,8H \tag{3-12}$$

Benioff(贝尼奥夫)使用地震释放能量的平方根度量震源体的弹性应变,假定当应力在某一体积内达到岩石的强度极限时,震源处就发生破裂,此时材料在所有达到强度极限的体积(震源体积)内都要破裂,并释放出蕴藏在这一体积内的弹性能。Bullen(布伦)进一步发展和完善了 Benioff 的理论,提出应把弹性能量释放的整个体积都当作震源体积而不是仅考虑发生破裂的体积,他认为震源包含着地震时释放出大部分能量的所有弹性应变能量的区域。Benioff 应变作为岩体应变量的测度在地学中被广泛接受。老虎台井田单个矿震的破裂源尺度为米至百米级,但破裂源广泛分布在环绕开采区域约 10 km³ 的体积内,将此范围矿震释放的应变能作为公里尺度岩体应变响应的测度。

将相同地应力强度环境的开采活动及矿震响应聚类为同一时空集合,称其为"地应力强度主导的岩体动力响应时空集合"。有完整微震观测资料的 $-830 \sim -430$ m 水平共有 8 个地应力强度时空集合,见表 3-8。

表 3-8　按地应力强度划分的岩体破裂时空集合

开采阶段	埋深/m	σ_1/MPa
1	510	20.84
2	585	23.90
3	620	25.33
4	660	26.96
5	710	29.00
6	760	31.04
7	860	35.12
8	910	37.16

在地应力强度主导的岩体动力响应时空集合中,将表 3-8 中每个地应力强度环境的最大主应力 σ_1(MPa)与相应应力强度环境持续开采扰动发生的矿震总能量的平方根,即 Benioff 应变 ε_B(MJ$^{1/2}$)关联,建立各不同时空集合地应力强度与其相应的矿震总 Benioff 应变能间的统计关系。但考虑每个地应力强度环境的开采量和开采时间并不均衡,这必将影响岩体弹性应变能释放量的绝对数值和应变能充分释放的程度。为了消除这种不均衡影响因素,引入一个相对能量释放量-能量释放率概念。定义各地应力强度环境岩体弹性应变能的释放总能量与采出岩石全重的比值为该地应力强度环境的能量释放率(或相对能量释放):

$$\xi_h = \sum \Delta E_h / \sum \Delta V_h \qquad (3-13)$$

将 ξ_h(J/t)的平方根定义为相对 Benioff 应变 ε_{BR},其与 σ_1 的回归结果显示出相关性很强的幂函数关系:

$$\sigma_1 = a \cdot \varepsilon_{BR}^b \qquad (3-14)$$

式中,$a=16.68$,$b=0.201$,$R^2=0.979$。

由式(3-14)可见,大尺度岩体应力与矿震释放的应变能存在幂函数的非线性统计力学关系,即为假设的岩体"视本构关系"。

研究工作还使用了 σ_1 与相应总 Benioff 应变 ε_B 的直接关联,也得到了与式(3-14)相同的数学模型,但相关性略低($R^2=0.938$)。将每个地应力强度环境的最大和最小主应力差

$\Delta\sigma_{1\text{-}3}$（MPa）与相应的 Benioff 相对应变差 $\Delta\varepsilon_{BR}$ $[(J/t)^{1/2}]$ 关联,拟合得到的双曲线函数关系相关性较低（$R^2=0.50$）。综合比较,式（3-14）用 σ_1 与相对 Benioff 应变建立的非线性函数关系拟合质量最高。

图 3-34 所示的曲线显示了岩体视本构关系整体为指数型,但存在由接近线性到非线性的演化过程。在 710 m 深度（相当于最大主应力 29 MPa）之前,岩体的视本构关系近于直线,分段拟合质量 $R^2=0.985$;而在 710 m 深度以后,岩体的视本构关系演变为显著的非线性关系。由此推测,在老虎台井田,710 m 这一临界深度,岩体视本构关系发生了由近线性到显著非线性的质变。

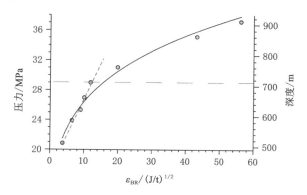

图 3-34　基于相对 Benioff 应变能的岩体视本构关系模型图

3.5.2　岩体破裂的分形几何学特征及反映出的岩石力学行为

Gutenburg（古登堡）和 Richter（里克特）于 1954 在研究全球地震活动性时发现,震级 m 的地震频次 N（$=m$ 或 $\geqslant m$）与震级 m 之间存在以下关系:

$$\lg N = a - bm \tag{3-15}$$

其中,a、b 为常数,其统计学意义为:a 表征事件的活动水平,b 表征大小事件数目的比例关系。

众多学者对式（3-15）及其参数的物理意义进行过大量研究。岩石试块的声发射试验研究表明,b 值的变化直接与应力条件有关,加压初期 b 值表现为上升,声发射事件空间分布趋于随机,亚临界裂纹扩展阶段转为下降,宏观破裂成核阶段下降加剧,声发射事件空间分布趋于定向,产生宏观破裂面,反映了岩石破裂从无序到有序的演化过程。b 值作为一项研究岩石破裂和地震活动性的重要指标已被普遍接受。许多观测资料和研究结果证实,开采活动产生的矿震与天然地震在事件强度和频度的关系方面共同遵循着"G-R"关系式。

本书使用老虎台井田小于等于某一采矿阶段地应力强度累积发生的矿震事件,根据式（3-15）分别计算各应力强度矿震的 b 值。图 3-35 显示,由浅入深的 8 个开采阶段,矿震的 b 值在 710 m 采深以浅单调增高,710 m 采深以深单调降低。这与花岗岩声发射试验和数值模拟得出的结论一致:在低围压条件下岩石破裂的无序性更强,高围压条件下岩石破裂逐渐向有序性演化。老虎台井田 710 m 深度是岩石破裂秩序发生从无序向有序演化的质变临界深度,这一临界深度与前面视本构关系得出的结果相吻合。

3.5.3　冲击地压和矿震与瓦斯复合型动力现象的显著临界深度

老虎台井田虽属强冲击地压、矿震、高瓦斯和煤与瓦斯突出矿井,但在浅部冲击地压和

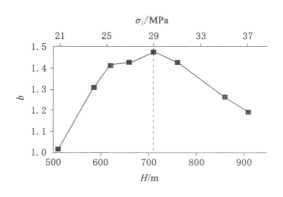

图 3-35　岩体破裂 b 值分布图

矿震与瓦斯异常涌出及煤与瓦斯突出事件各自独立发生,表现为单一型灾害。通常,10^4 J 以上级别的矿震($M_L \geqslant 0.5$)可造成煤体冲击。1997 年 7 月至 2010 年 6 月,观测到超过里氏 0.5 级矿震 32 008 次,同期在地下采场显现并调查到的震动事件 1 523 次,其中有 199 次矿震显现伴随瓦斯超标。

　　冲击地压和矿震与瓦斯能量相互作用的复合型灾害在 660 m 采深以浅首次发生但仅有一例,但是进入 710 m 深度显著增多,并与开采深度成正比增加。710 m 是发生这种复合型灾害变异的显著初始临界深度(图 3-36),与前述两项指标显示的临界深度不谋而合。对此现象,本书认为:浅部岩体的线性特质比较显著,系统对外部作用力的敏感程度不高,冲击地压和矿震与瓦斯异常涌出或突出往往各自独立发生,相互间的诱发作用不显著;而在深部,岩体的非线性特性比较显著,系统对外部作用力的敏感程度增高,冲击地压和矿震与瓦斯能量相互间的诱发作用开始显现。因此,动力灾害间相互作用敏感程度的显著改变,可能反映了系统由线性向非线性的转化。

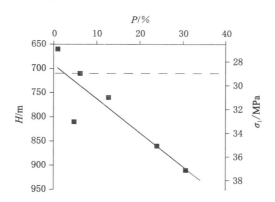

图 3-36　冲击地压与瓦斯异常涌出事件伴生关系图

　　1997 年,老虎台井田开始进入-630 m 水平(710 m 深度)以下开采后,周边强烈地震应力场对老虎台井田的调制作用也开始显现,对外部应力场流入能量的响应开始变得敏感。

3.5.4　老虎台井田深部开采临界深度的定量认识

　　(1) 老虎台井田最大主应力与采动岩体的相对 Benioff 应变能释放间建立的公里尺度

岩体视本构关系、岩体破裂的分形几何学特征、发生冲击地压(和矿震)与瓦斯能量相互作用复合型灾害和强烈地震应力场对老虎台井田存在调制作用等四项指标均显示,在 710 m 深度(-630 m 水平),开采扰动后岩体的动力响应特征发生显著变化,这些现象的不期而遇可能共同证明这一深度的采动岩体动力响应发生了由线性向非线性的质变。由此推断,在 710 m 左右深度,最大主应力约为 29 MPa,是老虎台井田目前广为讨论的"深部开采"的临界深度。这一深度的最大主应力与煤体、主要顶板油母页岩和主要底板角闪片麻岩的单轴抗压强度的比值分别为 3.6、0.6 和 0.2。

(2)所谓"深部开采"的临界深度,是指采动岩体力学行为由以线性为主转为显著非线性的临界深度。本书提出的采动岩体"视本构关系"可定量反映采动岩体的力学行为,配合岩体微破裂的分形几何学特征和其他特殊岩体动力响应,可综合判断采动岩体的力学行为和演化规律。由于地质与开采条件的差异,不同煤矿深部开采的"临界深度"可能存在差异,应区别对待。采矿工程中,根据特定矿山采动岩体响应的现场观测数据,科学判定采动岩体力学行为由线性转为非线性的临界深度,可及时采取相应的工程安全措施。

(3)发生复合型煤岩瓦斯动力灾害的主要原因,是两种以上灾源的能量产生了相互作用。而一种灾源对另一种灾源能量响应的敏感程度,决定于矿山结构和矿压系统处于线性响应区还是非线性响应区。众所周知,非线性系统对于边界条件的改变较为敏感,当矿山结构和矿压系统处于非线性响应区后,一种灾源对另一种灾源能量响应的敏感程度增高,从而发生复合型灾害的概率增高。老虎台井田-630 m 水平以深(采深 710 m)采区,复合型灾害显著增多,并与深度成正比增加。其主要原因为:-630 m 水平是老虎台井田采动岩体动力响应由线性转为非线性的显著临界深度。

(4)本书研究是基于下行分层开采、地应力强度逐渐增高和外部构造应力作用不显著的基本条件,如果综合考虑构造应力、采动应力和岩体自重应力等因素,可望为其他类型矿山提供借鉴。

3.6 微震监测揭示的采动岩体破裂源三个特征深度

采动岩体破裂源是采动后地应力与能量积累和释放的核心,震源的空间秩序必然反映岩体破裂孕育、发生和破坏的机制。许多学者曾提出并探索矿山压力的"临界深度"问题,查阅我国矿山长期观测积累的现场调查资料,并分析辽宁老虎台、江苏三河尖及山东陶庄等煤矿较高精度的微震观测资料发现,采动微震震源的空间分布存在较为普遍的临界深度现象,发生冲击地压深度最浅的为 200 m(北京门头沟煤矿),发生矿震最深的不超过 7 000 m(辽宁北票台吉煤矿)。根据目前掌握的观测资料,对煤矿采动微震存在的初始震源深度、采空区顶板上限临界震源深度和底板下限临界震源影响深度这三个特征震源深度以及三个特征震源深度构成的震源空间秩序的规律、力学机制及在采矿工程安全中的应用进行介绍[70]。

3.6.1 初始震源深度

几乎所有从上至下分层开采的煤矿都不是在开采初期于浅部就发生冲击地压、岩爆或矿震,只有达到一定深度后才开始出现的这种灾害。本书将在地下采矿和岩石工程中,最初开始发生冲击地压、岩爆或矿震的深度定义为初始震源深度。最初的动力灾害往往发生在开采工作面附近强度较弱的煤体中,即通常所说的冲击地压,而不是发生在强度较高的围岩中。

初始震源深度和煤样单向抗压强度在双对数坐标下存在线性相关,但可明显区分出三个区域,如图 3-37 所示。

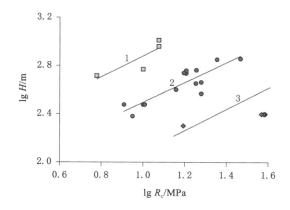

图 3-37　冲击地压初始震源深度与煤样单轴抗压强度的关系

位于中部统计数据较多的区域,存在式(3-16)和图 3-37 拟合直线 2 的统计关系:

$$\lg H = 0.821\lg R_c + 1.675 \quad (R^2 = 0.873) \tag{3-16}$$

式中　H——初始震源深度,m;

　　　R_c——发生冲击地压煤岩的单轴抗压强度,MPa。

需要说明的是,煤样抗压强度的资料除老虎台矿和平煤十矿是本书试验得出的,其他煤矿的资料是从文献中查得的,试验方法是否统一不甚明了。数据集仅有 18 个数据,数量有限,因此这一关系式还需进一步补充验证。如果考虑顶板岩体的密度来建立密度与 R_c 的数学关系,可能会获得更好的相关性。但遗憾的是,没有收集到本书引用矿区的全部顶板密度资料,只好放弃了这一尝试。

可见,发生冲击地压的初始深度与煤样单向抗压强度呈幂律正相关关系,即两者是分形的。虽然同属具有强烈和中等冲击倾向性煤层,但初始发生的深度并不相同,煤样强度高的发生的初始深度较大,表明需要较强的地应力才能积聚足够的能量发生冲击式破坏。

图 3-37 所示的上、下两个区域,是初始震源深度晚至和早至的两种较显著的例外。

一种例外是无冲击倾向或弱冲击倾向煤层发生冲击地压,但初始深度晚至,位于图3-37上部的区域,存在式(3-17)和图 3-37 拟合直线 1 的统计关系:

$$\lg H = 0.861\lg R_c + 2.019 \quad (R^2 = 0.848) \tag{3-17}$$

江苏徐州权台煤矿和北京房山矿采区 4 槽煤,煤样单向抗压强度分别为 10 MPa 和 6 MPa,均为无冲击倾向煤层,实际分别在采深 590 m 和 520 m 处发生冲击地压。如果是具有冲击倾向的煤层,按照式(3-16)推算,发生冲击地压的初始深度应该分别在 320 m 和 200 m左右。平煤十矿和十二矿的情况与此相似,如果是具有冲击倾向的煤层,发生冲击地压的初始深度大体应在 600 m 左右,但分别在 910 m 和 1 100 m 左右才开始发生冲击地压。推测主要影响因素是地应力强度。无或弱冲击倾向的岩层,在较大的初始深度(上覆岩层重力)或较强的现今构造应力(水平应力)作用下,超强的应力环境使岩体的力学行为发生了质变,使得弱冲击或无冲击倾向性煤体变为具有冲击倾向性。平煤十矿初始发生冲击地压深度的岩体最大主应力 σ_1 与煤样单向抗压强度 σ_c 的比值约为 $2.1\sim2.5$。

另一种例外属于初始深度早至,位于图 3-37 下部的区域(数据过少,未予拟合,手绘趋势直线 3)。山西省大同煤田各矿和北京市门头沟煤矿属于初始深度早至的例外。山西省大同煤田的煤层埋深 $200\sim300$ m,顶板和煤质均坚硬。忻州窑矿顶板为中粗砂岩,单向抗压强度为 107.8 MPa,煤样单向抗压强度为 38.5 MPa,普氏系数为 $3.0\sim4.0$,其他各矿相仿。按照式(3-16)推算,初始深度应该在 1 000 m 左右,而该煤田的几个矿相继都在250 m左右深度首次发生冲击地压;北京门头沟煤矿,顶板为厚层坚硬的石英砂岩,9 槽煤煤样的单向抗压强度为 15.6 MPa,初始深度应该在 470 m 左右,而首次发生冲击地压却在 200 m左右深度。原因可能有两个:一是上述两个矿区都是坚硬顶板大面积悬空,应力集中系数较大,附加应力较高;二是与当地的现今构造运动活跃、水平应力较强相关。据我国国家地震台网 1971 年后的地震资料显示,大同地区方圆 150 km 范围在 15 年内 $M_S\geqslant5.0$(M_S 为面波震级)的强地震发生了 6 次,最高震级 6.5 级,而且该煤田几个矿井冲击地压初始发生时间都在强地震发生的前后(图 3-38)。北京周边也是现今构造应力场比较活跃的区域。当然,不排除两者兼而有之的因素。

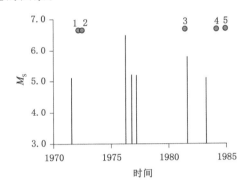

●—初始发生冲击地压煤矿及时间;1—煤峪口;2—晋华宫;3—忻州窑;4—白洞;5—同家梁。

图 3-38　大同煤田方圆 150 km $M_S\geqslant5.0$ 地震 M-T 图

上述推断是基于有限的现场实际观测资料,图 3-37 所示的回归曲线代表了初始震源深度和煤体强度的近似趋势。如前所述,两种可能的因素都会导致回归曲线的偏离。在回归曲线上方的离散点(如房山煤矿、权台煤矿、平煤十矿、平煤十二矿),虽然是无或弱冲击倾向岩层,但地应力增强到一定水平后可能变成有冲击倾向,只是需要较大的初始深度(地应力强度)或强度较高的现今构造应力场。在回归曲线下方的离散点(如门头沟煤矿和大同煤田各矿),代表现今构造应力场比较强烈地区或坚硬顶板大面积悬空情况,在强构造应力或支撑压力高度集中条件下初始震源深度变小。换言之,高采矿附加应力(或现今构造运动)使地应力的增强,弥补了由于深度较小所致的地应力强度不足。因此,冲击地压初始震源深度现象本质上是煤岩力学性质与地应力平衡系统在开挖扰动后,岩体应力状态和应力强度变异、建立新的平衡系统过程中导致岩石力学行为的变异,而深度是一定条件下岩体地应力强度的一个比较直观的测度。

由此假设,对于有冲击倾向的煤岩体,综合考虑顶板岩体的材料特征、采矿带来的附加应力和构造应力情况下,式(3-16)可进一步表达为:

$$\lg(\gamma H k_0 k_\sigma) = b \lg R_c + a \tag{3-18}$$

或

$$H = A R_c^b / (\gamma k_0 k_\sigma) \tag{3-19}$$

式中　γ—— 顶板岩体的容重;

k_0——构造应力不均衡系数;

k_σ——采矿造成的应力集中系数,其中包含由于采取减压措施而降低应力的因素;

a、b、A——常数;

余者同式(3-16)。

式(3-18)表明,当有外部流入附加应力作用于煤岩体上时,k_0或者k_σ比平均值要高,H变小,初始震源深度将会提前,提前量的大小取决于附加应力的强度。

对于无或弱冲击倾向的煤岩体,当作用于其上的应力超过一定限度时,煤岩体的力学行为可能发生质变而转为具有冲击倾向,可表达如下:

$$\gamma H k_0 k_\sigma / R_c \geqslant k \tag{3-20}$$

式中　k——常数。

式(3-20)表明,无或弱冲击倾向的煤岩体发生冲击地压,需有超强度的外力作用或初始深度加大(延迟)以补充作用力,延迟量的大小取决于外部流入作用力与煤岩强度相互作用的结果。

3.6.2 采空区顶板上限临界震源深度

采空区顶板的岩石破裂分布广泛,甚至贯通至地表。但是,顶板之上的矿震破裂源分布却存在界限,一定范围之上并不发生一定强度的矿震破裂。将采空区顶板垂直上方发生的矿震破裂源到地表的距离定义为采空区顶板破裂上限临界深度。高精度微震定位系统显示,老虎台井田 $M_L \geqslant 1.0$ 级矿震的顶板破裂上限临界深度 83002 工作面约 400 m,55002 工作面约 300 m,如图 3-39 所示。这种现象并非老虎台井田独有,三河尖煤矿(图 3-40)、陶庄煤矿(图 3-41)较高精度的微震观测结果表明,这两个煤矿 $M_L \geqslant 1.0$ 级矿震发生在采空区顶板矿震的破裂上限临界深度在地表以下 $500 \sim 420$ m。在破裂上限临界深度之上极少观测到 $M_L \geqslant 1.0$ 级矿震破裂源。深度的确定取决于矿震破裂的级别,所以该特征深度里有"临界"一词。一般说来,确定顶板破裂上限临界深度的矿震发生在初始冲击地压之后,深度可能大于、小于或等于初始冲击深度。

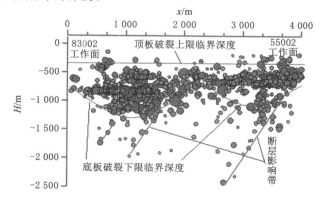

图 3-39　老虎台煤矿矿震破裂源分布图

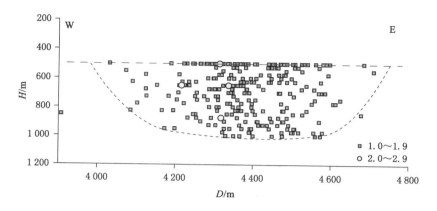

图 3-40　三河尖煤矿矿震破裂源分布图

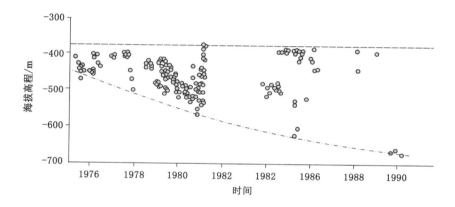

图 3-41　陶庄煤矿矿震破裂源分布图(地表海拔高程 51～100 m)

故此,采空区顶板上限临界破裂源影响厚度等于采空区顶板埋藏深度减去顶板破裂上限临界深度。该影响厚度的最小值为零,最大值视各矿情况不同,采空区顶板深度及矿震级别而异。例如,图 3-39 所示老虎台井田 55002 工作面的顶板破裂带厚度为 280 m(＝580 m－300 m),83002 工作面的顶板破裂带厚度为 460 m(＝860 m－400 m)。

用拉压不同模量梁板弯曲模型解释采空区顶板上限临界震源深度:采空区顶板岩梁在重力 σ_g 作用下向下弯曲,弯曲的岩梁下部受拉(σ_t)、上部受压(σ_c),之间存在一个中位面 S_M,如图 3-42 所示。

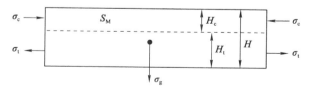

图 3-42　拉压不同模量梁板弯曲断面示意图

中位面的位置由下式确定：

$$H_c = \frac{H}{1 + \sqrt{E_c/E_t}}$$ (3-21)

式中　H——岩梁的总厚度；

　　　H_c、H_t——压缩和拉张区岩梁的厚度；

　　　E_c、E_t——压缩区和拉张区岩梁材料的弹性模量。

因岩石的抗拉强度小，在岩梁底部首先发生拉张破裂，产生采动微震，释放出积累的较强弹性能。岩石的抗压强度较大，中位面以上的岩石受压应力，延迟于中性面以下的岩石破裂，使岩体最终全部破裂。但由于储存的高弹性能已经在岩梁底部破裂时释放殆尽，因此不再有较强能量的采动微震发生在中位面以上，而中位面成为顶板上限震源的临界面。老虎台矿的实际观测资料表明，发生在顶板的里氏 3.0 级强矿震共 25 个，其中 22 个发生在顶板底部以上 250 m 范围内，再向上强度较高的采动微震很少发生，这证明了储存的高弹性能首先在岩梁底部破裂时释放。

岩石力学试验得到底板角闪片麻岩 E_c 为 66.23 GPa、E_t 为 42.61 GPa，压拉弹模比为 1.55，砂岩、大理岩和花岗岩的压拉弹模比分别为 1.68、1.31 和 1.23，这表明 $E_c > E_t$ 是较普遍的。通过破裂模式也可以得到证明，拉伸状态裂缝张开，变性模量较小；压缩状态裂缝闭合，变性模量较大。由式(3-21)可知，在充分弯曲条件下，拉张区岩梁的厚度一般应大于压缩区。老虎台矿 83001 工作面在 910 m 深度开采，顶板厚度为 850 m 左右，观测到里氏 1.0 级采动微震的震源深度最小者为 400 m，表明压缩区厚度小于 400 m、拉张区厚度大于 450 m，顶板接近充分弯曲。而 63001 工作面在 710 m 深度开采，顶板厚度为 650 m 左右，观测到里氏 1.0 级采动微震的震源深度最小者为 500 m，拉张区厚度仅约为 150 m，表明顶板可能还没有充分弯曲。

对于顶板上限临界震源深度的另一种可能的解释，是基于远场最大主应力 σ_1 与岩体单轴抗压强度 R_c 比值的理论。按此理论，岩体开挖后，当 $\sigma_1/R_c > 0.4$ 时，岩体的变形将发生相当于超过里氏 1.0 级的震动事件。在老虎台矿 83001 工作面，顶板岩体(页岩)的平均单轴抗压强度为 39 MPa，折合成所需的远场最大主应力约为 15.6 MPa。现场地应力测量结果表明，最大主应力近于水平，约是岩体自重(垂直应力)的 2 倍，折合成垂直应力等于 7.8 MPa，实测顶板岩体(页岩)的平均密度为 2 100 kg/m³，折合成超过里氏 1.0 级采动微震震源理论最小深度约为 370 m，与微震观测资料基本相符。

3.6.3　底板下限临界震源影响深度

第三个特征深度是指底板下限临界震源影响深度，是底板下方观测到的最大震源深度与底板深度的差值。在采空区，不同类型矿山的采动微震震源优势分布有所差异，在门头沟煤矿这类坚硬型顶板的矿山，大部分采动微震发生在顶板；而老虎台矿这类柔软型顶板的矿山，大量采动微震尤其是强度较高的矿震发生在底板。弹性应力计算表明，应力总是聚集在弹性模量较高的区域。正是高应力弹性能的不断积累，最终导致岩体的脆性破坏。在老虎台矿 63001 和 83001 工作面，发生在底板的采动微震分别占观测到超过里氏 1.0 级采动微震事件总数的 70% 和 68%。

发生在底板的采动微震大致可分为以下两种：

(1) 开挖卸荷后，底板岩体应力状态由三轴变为双轴，一方面岩体强度弱化，另一方面卸荷回弹,产生指向采空区顶部的膨胀,再叠加煤柱和岩壁传递的上覆岩层附加荷载,使得底板在泊松效应下也产生指向采空区顶部自由空间的膨胀。老虎台矿发生在底板的冲击地压后,底板大面积隆起、张破裂丰富就是有力的证据。老虎台矿 63001 和 83001 工作面采区底板埋深分别约为 710 m 和 910 m,里氏 1.0 级采动微震的最大震源深度分别为 1 800 m 和 2 100 m,因此各采区底板下限临界震源影响深度分别为 1 100 m 和 1 200 m。一般情况下,这种采动微震影响深度约为 1 000 m,其力学机制类似式(3-21)和图 3-42 表述的不同模量梁板的弯曲,只不过弯曲方向朝上。老虎台矿的实际观测资料表明,观测到发生在底板的超过里氏 3.0 级强矿震共 39 个,其中 26 个发生在底板顶部以下 300 m 范围内,再向下发生的高强度矿震一般与断层运动相关,这也进一步证明了储存的高弹性能首先在上弯的岩梁拉张破裂时释放。伴随开采进程,陶庄煤矿采动微震的震源深度逐渐加大(图 3-41),遗憾的是不了解采矿的详细情况,未能定量分析这种变化。

（2）断层活动型。底板岩体如果比较坚硬,完整性又较好,如果在断层上盘开采,在前述第一种机制的作用力下,牵动断层上盘岩体整体运动,会引发断层活动,无论是正断层还是逆断层,只有朝向采空区顶部自由空间一个路径运动,发生强制逆冲。对老虎台矿的 81 个较强矿震的震源机制研究表明,发生在底板 3 个正断层附近的矿震几乎全部是逆冲机制,这是在前述第一种机制作用力下的强制逆冲震源机制。此种机制矿震的底板下限临界震源影响深度较大,其量值决定于作用力和断层的相互作用结果。在老虎台矿 63001 和 83001 工作面采区下方观测到的最大震源深度为 2 200 m 和 4 400 m,因此底板最大影响深度分别为 1 500 m 和 3 500 m。辽宁北票台吉煤矿观测到的最大震源深度为 7 000 m,底板影响深度达 6 000 m,是国内目前报道的底板影响最大深度。

老虎台矿三个特征震源深度的示意图如图 3-43 所示。在 300 m 深度(H_0)的煤层中最初发生冲击地压,当时没有微震观测设备,现场感觉顶板和底板并没有发生冲击。向下开采到一定深度,采空区达到一定面积后,顶板和底板开始发生震动和冲击。顶板上限临界震源影响厚度(L_R)是一个伴随开采深度增大而增大[遵从式(3-21)]的曲面。老虎台矿的顶板上限临界震源深度(H_R)大于初始震源深度(H_0)。初始震源深度较大的矿山,其顶板上限临

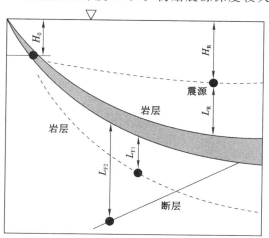

H_0—初始震源深度；H_R—顶板上限临界震源深度；L_{F1}、L_{F2}—底板下限影响深度。

图 3-43　老虎台矿的采动微震特征震源深度示意图

界震源深度(H_R)可以小于初始震源深度(H_0),如平煤十矿。底板下限临界震源影响深度L_{F1}也是一个伴随开采深度增大而增大的曲面,体现了原岩的围压越高,开挖卸荷改变应力状态后,其扰动深度越大;L_{F2}是因采动导致断层活化的结果。一般而言,$L_{F2} > L_{F1}$。

3.6.4　工程应用意义

(1) 三个特征震源深度在煤矿中是客观存在的,但是限于目前资料有限,上述分析尚属初步,有些还属假说,需要今后用大量的微震观测资料进一步充实。因此,开展长期高精度的微震观测对于探索采动微震的机制至关重要。

(2) 三个特征震源深度反映出采动微震发生的力学机制,也在一定程度上反映了岩体的破坏机制。总而言之,这是地下岩体开挖后,岩体的原始应力状态改变与强度弱化的结果。这三个特征震源深度体现出开采扰动后原岩应力状态改变因素主导的采动微震震源空间秩序。

(3) 如果需要改变工程的三个特征震源深度的空间秩序,应逆向思维,采取相应的措施。例如,要使初始震源深度延迟,只有降低k_0和k_c。降低k_0应及时充分放顶,避免支撑压力集中,对于坚硬顶板地层结构尤为重要;降低k_c应避开构造应力易于集中的断裂交汇部位和褶皱构造的核部,或提前采取注水、爆破松动等减压措施。通过观测震源在顶板的位置是否到达顶板上限临界震源深度,并根据相关公式计算顶板的破裂程度。如果要保护顶板,需合理留设煤柱;如果要降低支撑压力,则需进一步放顶。通过观测震源在底板的位置以及其影响深度的变化,判断支撑压力的相对变化。如果震源的底板影响深度增加,说明支撑压力在增强,底板指向采掘空间的运动势在增高,则应采取提前注水、爆破松动等减压措施降低支撑压力,合理增设煤柱压抑底板控制强制逆冲。如果条件许可,暂时停采,给岩体以产生流变的充分时间,转移支撑压力和削减聚集在岩体中可引发岩体非稳定失稳的能量。

(4) 煤矿开展高精度的微震观测以及正确掌握和运用三个特征震源深度规律,对采矿工程的经济合理设计及保障人员和设备安全具有重要意义。

(5) 初始震源深度可以用于评价煤矿冲击震动灾害(往往是冲击地压)的初始危险性,在此深度以上可以不考虑冲击震动灾害的危险性,而在此深度以下应提前采取应对措施。

(6) 采空区顶板上限临界震源深度可以作为判别顶板是否充分弯曲的一种判据。根据需要充分放顶和保护顶板的不同目的,采取相应的工程措施。

(7) 采空区底板下限临界震源影响深度可以作为判别煤柱和岩壁传递的上覆岩层附加荷载强弱和是否会引发断层活动的一种判据,为合理布设煤柱和开采工作面提供参考。

3.7　冲击-突出双危工作面含瓦斯煤层灾变的力学机制

本书从冲击地压作用下的含瓦斯煤层灾变条件、含瓦斯煤岩破裂灾变路径、含瓦斯煤岩流固耦合破裂模式、含瓦斯煤层灾变类型等四个方面研究论证了冲击-突出双危工作面含瓦斯煤层灾变的力学机制。

3.7.1　冲击地压作用下含瓦斯煤层灾变的条件

深部高应力环境的超载静压和冲击地压动能的输入,降低了发生煤与瓦斯突出的门限值,发生低指标突出现象。表3-2条件下的含瓦斯煤层,在深部高应力环境的超载静压和冲击地压动能输入条件下发生过低指标煤与瓦斯突出。

3.7.2　冲击地压作用下含瓦斯煤岩破裂灾变的路径

目前冲击地压作用下的含瓦斯煤岩破裂灾变有五个路径,即增压带超载静压加载过程含气煤层渐进灾变路径;远场顶底板和煤层强矿震对含瓦斯煤层动力加载灾变路径;近场顶底板和煤层冲击地压对含瓦斯煤层动力加载灾变路径;远场顶底板和煤层强矿震-诱发近场冲击地压-对含瓦斯煤层动力传导加载灾变路径;逼近封闭含瓦斯正断层采掘过程路径。距工作面 50 m 半径以内范围为近场,大于 50 m 则为远场。

3.7.3　冲击地压作用下含瓦斯煤岩流固耦合破裂模式

增压带煤墙静压超载过程闭合-张开破裂模式和冲击地压矿震动压诱导破裂模式可细分为:远场顶底板和煤层强矿震对增压带含瓦斯煤层动力加载灾变模式,近场顶底板和煤层冲击地压对含瓦斯煤层动力加载灾变模式。增压带煤墙静压-冲击地压矿震动压叠加破裂模式可细分为:远场顶底板和煤层强矿震对增压带含瓦斯煤层动力加载叠加灾变模式,近场顶底板和煤层冲击地压对含瓦斯煤层动力加载叠加灾变模式。

3.7.4　冲击地压作用下含瓦斯煤层灾变的类型

按导致含瓦斯煤层低指标灾变的力源分类,其灾变类型可分为增压带静载灾变型,冲击地压矿震动载灾变型,增压带静载+冲击地压矿震动载叠加灾变型,断层卸荷残余构造应力释放。按导致含瓦斯煤层低指标灾变的力源路径分类,其灾变类型分为近场增压带静载传导型,远场顶板强矿震诱导型,远场底板强矿震诱导型,远场煤层强矿震诱导型,近场顶板冲击地压诱导型,近场冲击地压诱导型,近场煤层冲击地压诱导型。逼近断层卸荷残余构造应力释放。

3.7.5　深部开采的临界深度

所谓深部开采的临界深度,是指采动岩体力学行为以线性为主转为显著非线性的临界深度。煤矿开采伴生的煤岩瓦斯动力现象通常显示出一些特征深度,这些特征深度本质上是反映了采动岩体动力响应由量变到质变的临界深度。

3.7.6　矿山煤岩瓦斯动力灾害揭示出的一些特征深度

这些特征深度成为动力灾害由量变到质变的临界深度。掌握了这些特征深度,对于超前防范和治理煤岩瓦斯动力灾害具有前瞻性和指导意义。

第4章　甚远场强烈地震能量对含瓦斯煤层灾变的触发机制

4.1　区域构造应力场对井田应力场的调制作用

当矿井处于区域构造应力场的大环境背景中时,两者是母集和子集的关系。在一定条件下,区域构造应力场对井田应力场具有控制、影响、触发、诱发等作用,统称为区域构造应力场对井田局部应力场的调制作用。

以抚顺老虎台矿为例。老虎台矿无论在浅部还是深部开采,辽宁海城(震中距 160 km)和吉林珲春(震中距 610 km)地震区大于 5.9 级地震前后或几乎同震,均曾诱发过当时较强的矿震能量释放,显示出具有短暂的"一过性"调制作用,如图 4-1 所示。

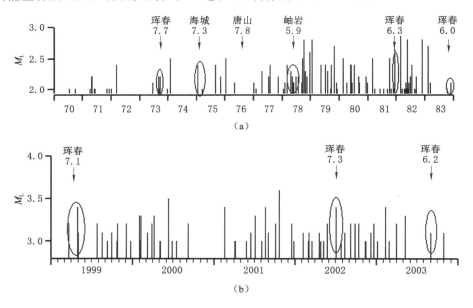

图 4-1　老虎台井田周边 750 km 大于 5.9 级地震与老虎台矿的矿震关系图

但 1997 年前该矿半径 750 km 内不同尺度范围的天然地震与矿震能量释放并未见系统的同步协调响应,如图 4-2 所示。

1997 年后,天然地震与老虎台井田的矿震能量释放的系统协调关系依稀可辨(图 4-2),表明区域地震应力场对老虎台井田的调制作用开始显现。对应老虎台井田开采情况,1997 年后老虎台井田进入 −630 m 水平(710 m 深度)以下开采,环境应力强度增高。由此推断,浅部低环境应力条件下的采掘扰动对外部动力场流入能量的响应不甚敏感,而深部高环境应力条件下的采掘扰动则对外部动力场流入能量的响应变为敏感,强烈地震应力场的孕育和发生可对深部采区的煤岩动力灾害产生复合作用,老虎台井田的临界深度为－630 m 水平(约 710 m 深)。

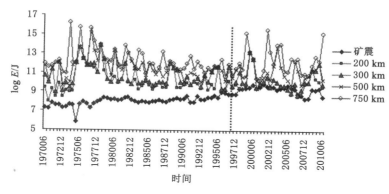

图 4-2　不同半径范围地震与老虎台矿震能量相关性图

2001 年 11 月 14 日,昆仑山口西发生 $M_S=8.1$ 级强烈地震。2001 年 11 月 14 至 22 日,山西省连续发生 5 起煤矿瓦斯爆炸事故。此后,天然地震在大尺度范围能否引发煤矿瓦斯异常涌出的讨论开始引起学术界的关注。

本书通过矿山公里尺度距离的近场矿震与瓦斯能量间相互作用、地下水对千公里尺度远场地震响应机理的类比和千公里尺度地壳同时运动的地球物理学证据分析,表明天然地震在大尺度范围可以导致煤矿瓦斯异常涌出[41-42]。

4.2　煤矿瓦斯异常涌出与天然地震的时空巧合及地质构造联系

研究发现,天然地震发生前后一段时间内,存在一些煤矿发生瓦斯爆炸的巧合事件。

2000 年 11 月 25 日 14:20,内蒙古呼伦贝尔煤业集团大雁煤业公司第二煤矿发生瓦斯爆炸[35]。大雁煤矿处于两条活动断裂带的交汇区,2000 年 11 月 16 日至 12 月 2 日,在这两条断裂带及周边发生超过里氏 3.0 级地震 5 次,最高震级里氏 4.1 级(相当于 $M_S=$ 3.6 级),距大雁煤矿震中距最小的 66 km(图 4-3 中的 I 区)。

2002 年 6 月 29 日 1:19,吉林省汪清发生 $M_S=7.2$ 级(深源 $h=570$ km)地震。此前的 6 月 20 日 9:45,在震中距 210 km 的黑龙江省鸡西城子河煤矿发生瓦斯爆炸。此后的 7 月 4 日 2:12,在震中距 340 km 的吉林省白山市富强煤矿发生瓦斯爆炸;7 月 8 日 14:50,在震中距 430 km 的黑龙江省鹤岗鼎盛煤矿发生瓦斯爆炸。在相距汪清地震震中 590 km 的抚顺老虎台矿,地震前约 1 h 的 2002 年 6 月 28 日 23:19,发生一次里氏 3.4 级(相当于 2.8 级)矿震。四矿之间有郯庐断裂带及其分支相联系(图 4-3 中的 II 区)。

2003 年 3 月 30 日 19:00,辽宁省沈阳市东陵发生里氏 4.1 级(相当于 $M_S=3.6$ 级)地震,老虎台矿所在的抚顺地区普遍有感。10 min 后,渤海湾发生里氏 5.1 级(相当于 4.7 级)地震,抚顺地区少数人有感。紧随其后,在 19:30,距东陵地震震中 116 km、距渤海湾地震震中 390 km 的抚顺市孟家沟煤矿发生瓦斯爆炸。三地之间有郯庐活动断裂带及其分支断裂相联系(图 4-3 中的 III 区)。

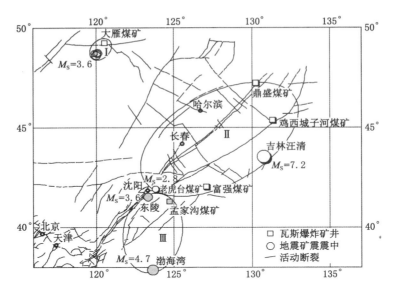

图 4-3　三次地震与瓦斯异常涌出煤矿的地质构造关系图

　　2001 年 11 月 14 日 17：26，青海与新疆交界的昆仑山口西发生 $M_S = 8.1$ 级强地震。2001 年 11 月 14 至 22 日，山西省清榆、坡底、大泉湾、湘峪和乔家沟 5 个煤矿相继发生瓦斯爆炸，这几个矿井处于鄂尔多斯地块东缘，地震震中与瓦斯爆炸矿井间有复杂的活动构造相联系，如图 4-4 所示。

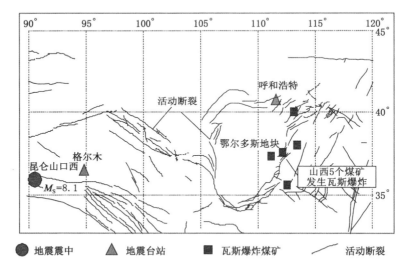

图 4-4　昆仑山口西 $M_S = 8.1$ 级地震与山西瓦斯爆炸煤矿地质构造关系图

　　由图 4-3、图 4-4 可见，这些巧合事件的煤矿与地震震中间均有大型地质构造相联系，地质构造可能成了能量传递的通道。

4.3　近场矿震诱发煤矿煤与瓦斯异常涌出的类比

　　上述的巧合事件都是偶然的吗？当诸多的偶然事件指向某一共同特征时，其中就可能蕴含着某种必然。为了探究地震这种外部能量是否具备作用于煤矿诱发瓦斯异常涌出的能力，以矿震与高瓦斯并存的煤矿作为公里尺度试验场，从矿震诱发瓦斯异常涌出的类比中寻找答案。

　　图 4-5 显示了 2005 年 2 月 14 日阜新地震台记录到孙家湾煤矿瓦斯爆炸和之前发生矿震的全过程。该台位于孙家湾煤矿 ES 方向 12.8 km，使用 DD-1 短周期微震仪。NS 向模拟记录图显示，里氏 2.7 级矿震的直达 P 波到时为 14:49:38.9，同一张记录图上有瓦斯爆炸的记录，能量相当于里氏 0.6 级地震，直达 P 波到时为 15:03:40.3，比矿震发生晚 14′01.4″。矿震发生时井下强烈有感，震后发现在 3316 工作面出现冒顶、片帮、底板隆起等变形现象。事故调查表明，此次矿震造成了瓦斯异常涌出。

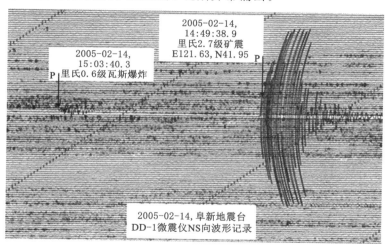

图 4-5　阜新孙家湾煤矿矿震和瓦斯爆炸微震观测图

　　地震与矿震都是岩体弹性能积累和释放的过程，对地下岩体的作用没有本质区别。在煤矿的现场矿震观测工作，是在与地震完全相同的天然条件和环境下进行的，相当于地震能量诱发煤矿瓦斯异常涌出的公里尺度实验，其实验结果可以类比到天然地震对煤矿的作用。矿震既然能够在特定条件下诱发瓦斯异常涌出，天然地震在理论上也应具备这种可能并具有相似的机理。在含瓦斯封闭断层附近爆破掘进，也可引发类似灾难。1997 年 11 月 13 日，导致淮南矿务局潘三煤矿 88 人遇难的特大瓦斯事故就是例证[71]。

4.4　远场地震能量作用于煤矿的机理

4.4.1　地下流体对远场地震同步响应的机理类比

　　有许多相似的震例显示，在强地震震前、震时和震后，地下水存在远场的地震响应。而地下水与瓦斯同属地下流体，外部能量对其作用的机理一致，可以类比。

在昆仑山口西 8.1 级地震期间,山西省地震前兆观测项目中有 6 个水位观测井和 8 个形变台站观测到同震响应地震波,一个形变台站观测到前兆信息[36];远在约 1 400 km 的陕西和四川两口地震观测井有明显的前兆水位异常[72]。

2004 年 12 月 26 日,在印尼苏门答腊西北近海发生 M_S=8.7 级地震,远在 5 000 km 外的辽宁省抚顺山龙峪一口 465 m 深的地震观测水井在地震的前一天水位突然下降,地震后水位持续上升并溢出井口。这口水井自 2000 年开始已观测到 21 次对远场强烈地震响应的震例,如图 4-6 所示。车用太等[73]报道,1997 年我国对千公里远场强震具有地震响应的地下水井已发现了 30 余口。

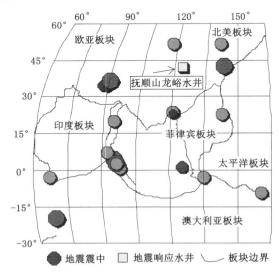

图 4-6　抚顺山龙峪水井响应远场地震分布图

地下水对远场地震的长周期响应机理的解释有断层预滑理论[74-77]、断裂预扩展理论[78]和静地震与慢地震理论[79]等。诸多观点虽然不尽一致,但对地震前存在长周期波和可对远场地下水产生调制作用这一点都是认同的。地下水是与瓦斯相似的地下流体,地震应力与能量对地下水产生的作用很可能是通过改变含水层和储水构造的孔隙压力所致。地震能量对地下水的调制作用,完全可以类比于地下气体。煤矿开采后,原始的储气构造和孔隙受到损伤,强度已经弱化,在地震能量的作用下,更有可能改变地下流体场的平衡。在地震能量作用下,在地下水出现大面积异常区域内的矿山,瓦斯同样具备存在异常的可能。

然而,对于地下流体对远在数千公里地震的响应,尤其是几乎同时的响应,往往令人费解和质疑。是什么力量使得地震应力和能量传播得如此之快和遥远呢?下述地壳运动的长周期观测结果有助于解开这个谜团。

4.4.2　强烈地震能量激发地壳在大尺度范围产生同时运动

我国建有 10 个超长周期地震观测台站,装备的 JCZ-1 超宽频带地震仪动态范围为 140 dB,在 20 Hz～360 s 频带内为速度平坦型,采样率 50 次/s,在 360～3 000 s 频带内为加速度平坦型,采样率 1 次/s。设备的可靠性得到了确认。

许绍燮等[80-81]发现,在昆仑山口西 8.1 级地震前的 11 月 5 日,当时运行的 9 个 JCZ-1 台站观测到了大尺度地层的同步运动。最为突出的特征是 6 个台站记录到的垂直分量运动

（图 4-7）存在同步振动，其中 5 个台站之间呈现出良好的同向同步振动，高台观测台反向同步于其他 5 台。

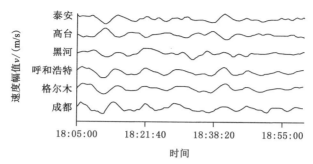

图 4-7　JCZ-1 台站观测到的垂直向波形记录

JCZ-1 各台还均观测到了一次相差 10 s 级的大幅度单脉冲［2001-11-06，1：53（GMT 格林尼治时间）］。多台垂直分向间的同步振动具有特别巨大的空间跨度，从新疆和田至东北黑河距离达 4 000 km 以上，从呼和浩特至广州也超过 2 000 km，但它们与距离昆仑山地震震中最近也是第一个接收到大脉冲的格尔木台相比，同步时差仅为秒级或 10 s 级，其视速度达到 61～2 500 km/s，见图 4-8、表 4-1。

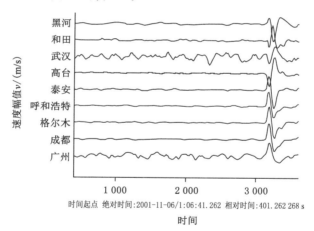

时间起点 绝对时间：2001-11-06/1：06：41.262 相对时间：401.262 268 s

图 4-8　JCZ-1 台站观测到的一次大脉冲

表 4-1　大脉冲参数一览表

测震台名	到时/时：分：秒	相对到时差/s	相对距离/km	到时序号	视速度/(km/s)
黑河	1：52：15.2	17.8	3 050	6	171
和田	1：52：31.4	34	1 350	8	40
武汉	1：52：24	26.6	1 900	7	71
高台	1：52：01.7	4.3	550	3	128
泰安	1：52：14.1	16.7	1 950	5	117
呼和浩特	1：51：58	0.6	1 500	2	2 500

表 4-1(续)

测震台名	到时/时:分:秒	相对到时差/s	相对距离/km	到时序号	视速度/(km/s)
格尔木	1:51:57.4	0	0	1	
成都	1:52:04.9	7.5	1 100	4	147
广州	1:52:34.9	37.5	2 300	9	61

各台接收到大脉冲的顺序和视速度并不是与格尔木台的距离成正比,说明这种地壳运动并不是一般意义的波动传播,格尔木和呼和浩特台的同步时差仅为 0.6 s,达到了 2 500 km/s 的惊人视速度,更不能用波的传播来解释,只可能是地壳在同时产生运动。而格尔木和呼和浩特两个台站与昆仑山地震震中和山西瓦斯爆炸矿井的位置非常接近,两地间观测到的震前地壳同步运动,证明了山西 5 个煤矿所处的位置能够对昆仑山大地震有所响应。

多台垂直分向间的同步振动不是大概率事件,经常出现的是相关性不大或不相关的振动。应具备相应的大尺度动力控制,这时同步现象才有可能发生。由此可见,远场强烈地震的能量并不单是在瞬间激发扩散传递,而在地震发生前,其能量就已经作用于地壳,产生了大范围的同时运动。这种运动作用于地壳多孔介质,使孔隙压力的平衡状态失衡,对于矿山开采造成的地壳浅部的薄弱部位,就可能诱发该处聚集的能量释放,产生瓦斯异常涌出或诱发矿震。这就很好地解释了地下流体对远在数千公里外地震的响应,尤其是几乎同时响应的谜团。

4.4.3 地震能量对井田调制作用的影响距离

为探索地、矿震释放的能量对瓦斯异常涌出煤矿影响的定量关系,定义影响半径 R(浅源地震 R 为震中距,深源地震 R 为震源距)为:一次地震诱发数个瓦斯异常涌出煤矿中的最大震中距(如昆仑山和汪清地震);数个地震诱发一次瓦斯异常涌出的,影响作用最大地震的震中距(如内蒙古和沈阳地震);老虎台矿中诱发瓦斯异常涌出矿震数个较大震中距中的强度最小矿震的震中距。显示出影响半径 R 和地震波能量释放 E 间存在如下正幂律关系:

$$\lg R = 2.83 + 0.21\lg Z \quad (R^2 = 0.949) \quad (4\text{-}1)$$

亦即地震波释放能量对瓦斯异常涌出煤矿的影响半径是分形关系,如图 4-9 所示。R 单位选择米(m),虽然地震定位精度尚达不到米级,这样选择主要考虑到 E 单位选择焦耳(J)的单位制统一和纵横轴的比例协调。

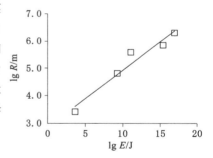

图 4-9 地、矿震能量对矿山的
影响半径关系图

4.5 甚远场地震诱发煤矿瓦斯异常涌出的机理

(1)天然地震能量对煤矿的调制作用,与矿震(冲击地压)能量激发和助推煤矿瓦斯灾害成核以及地下水对天然地震的响应机理相似,因此天然地震在特定条件下具备诱发或触发煤矿瓦斯异常涌出的能力。

(2)一般情况下,地震能量对煤矿产生调制作用最终导致突发性瓦斯灾害成核需要下列条件:地震震中与含瓦斯矿井间有活动构造作为能量传递的通道;地震能量与影响半径间为正幂律函数;已有的震例未见地震能量对煤矿有长周期调制作用,这几个矿井地震能量影响时间最长的为 18 d,最短的为 20 min;强烈地震在短期甚至产生大尺度地壳同步运动;存在大面积地下水异常的区域,极有可能也是含瓦斯矿井敏感响应的区域。

(3)可提示相关范围煤矿瓦斯异常涌出预警。高度关注地震部门划定的中长期和短期强烈地震危险及预警区域,特别是地下水存在大面积异常的区域,将有益于对相应区域高瓦斯矿井突发瓦斯灾害的中长期和短期预警。特别是强烈地震后,预警的作用和意义更为显著。在煤矿,通过开展高灵敏度、高精度微震与瓦斯联合观测,加强煤炭安全管理部门与地震部门间的协作,有望对瓦斯的中长期和短期预警开拓一条新路。

(4)虽然地震和矿震与瓦斯异常涌出的相关性在一定条件下是确定的,但并不代表由此必然引发瓦斯事故。如果有灵敏的自动预警系统、良好的通风,没有明火,那么也不会引发瓦斯事故。以往没有引起瓦斯事故的地震与瓦斯间的相关事件便很容易被忽略。这一者说明为什么地震或矿震引发瓦斯事故的例子不是很多(也与以往没有关注此类问题有关),二者也折射出煤矿安全管理中应对外力诱发瓦斯异常涌出事件的技术措施尚待提高。

第5章 区域构造应力场对井田应力场的调制作用

采矿工程的最根本特点是地下矿体处于天然存在的三维地应力场的作用下,一切开采活动都是在已存的地应力场作用下进行的。井田处于地壳表面巨型受力岩体之中,地壳岩体的受力状态、活动方式和强度的改变对井田局部应力场无疑将产生不同程度和方式的影响或作用,应成为矿山压力研究和矿山动力灾害防治中不可忽视的因素,因而引起了许多学者的关注。

区域地震活动是区域现今构造应力场活动的直接反映,矿区采动产生的微震活动反映了矿区局部的应力释放,这两个物理量容易及时获得和量化,它们活动的相关性可以反映区域应力场对矿区局部应力场的作用方式和影响程度,即调制作用。本章通过分析区域地震观测资料和抚顺、平顶山、门头沟、阜新等矿区的采动微震观测资料,探讨一种研究区域应力场对矿区局部应力场调制作用的方法,阐述区域构造应力场对矿区局部应力场的调制作用方式,提出将煤矿分为现今构造应力场中长期调制作用型、残余构造应力释放型(或无显著中长期作用型)和现今构造应力场短期调制作用型三种类型。

本书所述的调制或影响周期定义如下:6个月以上时间尺度的称为长周期,1～6个月时间尺度的称为中等周期,小于30天时间尺度的称为短周期。毋庸置疑,区域现今构造应力场对于其场内任一局部单元都应存在作用力,但其作用力的大小和局部单元对区域应力场变化响应的显著程度可能存在差异。本书述及调制作用的有和无,是指是否存在可显著影响矿区煤岩动力现象的调制作用。

5.1 现今构造应力场中长周期调制作用型井田

区域现今构造应力场对北京门头沟煤矿、辽宁阜新煤田和河南平顶山煤田的矿区局部应力场存在较显著的中长周期调制作用。

5.1.1 北京门头沟煤矿

1989年10月18至19日,在距北京门头沟煤矿西200 km的大同阳高地区连续发生$M_S=5.5\sim5.9$级的三次地震,有学者观测到北京门头沟煤矿在此前的几年中采动微震活动存在平静→活跃→平静的现象,如图5-1、图5-2所示。据报道,在1996年5月30日距该矿西550 km的内蒙古包头市发生$M_S=6.4$级地震、1998年1月10日距该矿西200 km的河北省张北县发生$M_S=6.2$级地震时,这种情况也有不同程度的表现。学者们据此提出,北京门头沟煤矿的采动微震活动受区域现今构造应力场的调制作用。

北京门头沟区地震办公室等反演了门头沟煤矿1988—1994年12个超过里氏3.0级矿震的震源机制,并与首都圈地震的震源机制进行比较,发现有约一半矿震的主压力轴与天然地震的方向一致或极近似,受区域构造应力场和矿区局部应力场调制的矿震机制各占50%。

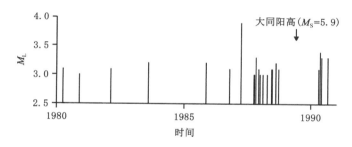

图 5-1　北京门头沟煤矿超过里氏 3.0 级矿震时序分布与大同阳高地震关系图

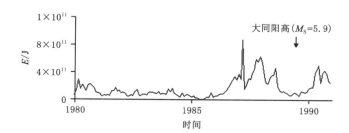

图 5-2　北京门头沟煤矿超过里氏 1.0 级采动微震能量释放与大同阳高地震关系分布图

5.1.2　辽宁阜新煤田

辽宁阜新煤田位于辽宁西部,是现今构造应力场比较活跃的地区之一,作为地震的重点监视区已持续了很长时间。1990—2006 年,东北强地震和阜新煤田的强矿震有着较强的时间相关性(图 5-3),因此,该煤田一直被作为反映区域构造应力场变化的"地震预测前兆信息窗"使用。

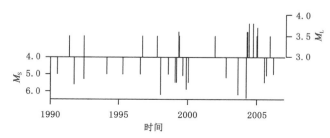

图 5-3　阜新煤田 $M_L \geqslant 3.5$ 级矿震与东北 $M_S \geqslant 5.0$ 级地震关系

5.1.3　河南平顶山煤田

据平煤地震台 2002 年以来记录到的平顶山煤田采动微震资料,本书将其与平顶山煤田方圆 200 km、500 km、1 100 km 区域范围的天然地震释放的能量进行相关性分析(100 km 范围的天然地震数量过少,没有进行比较),判断区域现今构造应力场对平顶山煤田局部应力场的调制作用。

2002 年以来,平顶山煤田 6 个月时间尺度的采动微震能量释放呈波浪式的上升趋势,如图 5-4 所示。但图像并未显示出其与方圆 200 km、500 km、1 100 km 范围天然地震能量释放的强弱存在系统的一致、超前或延迟等协调性,同期的相关性检验相关系数很低(最高 $R^2 = 0.37$)。

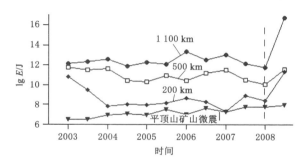

图 5-4   6 个月时间尺度区域地震与平顶山煤田采动微震能量释放图

值得关注的是,自 2006 年下半年开始,方圆 200 km 范围的天然地震能量释放与平顶山煤田的采动微震能量释放表现出升降一致的协调运动;方圆 500 km 和 1 100 km 的天然地震能量释放同期也出现了升降一致的协调运动。尤其是 2008 年上半年,方圆 200 km、500 km、1 100 km范围的天然地震和平顶山煤田的采动微震能量释放出现了协调一致的增高,如图 5-4 所示。这些现象表明,自 2006 年下半年以来,该区域受着一个较强烈的应力场调制,区域范围的地应力场开始渐趋协调一致。2008 年 5 月 12 日,四川汶川的 8.0 级地震揭开了这个谜团,推测此期间的平顶山煤田局部应力场受到了孕育四川汶川 8.0 级强烈地震应力场的调制。2007 年 11 月 12 日,平煤十矿发生的冲击地压诱导的煤与瓦斯突出事故,正处于四川地震应力场对平顶山煤田的调制期内,对此次矿难的孕育和发生起到了调制作用。

5.2   残余构造应力释放型煤田

现代地震是研究构造应力场的直接证据。本书使用抚顺煤田周边区域有历史记载的 $M_S \geqslant 5.0$ 级地震和现代地震设备观测能力较强的 1970 年以来的地震观测资料,分析区域现今构造应力场活动性及对抚顺煤田局部应力场的调制作用。结果显示,区域现今构造应力场对抚顺煤田无显著的中长周期调制作用,采动微震的动力来源主要是岩体自重应力和残余构造应力。

5.2.1   抚顺煤田周边区域现今构造应力场活动性

截至 2006 年 12 月,距老虎台煤矿 100 km 以内强度最高的地震是 240 年以前发生的三次 $M_S \geqslant 5.0$ 级地震,见表 5-1。抚顺及吉林西南大部存在一个 $M_S \geqslant 5.0$ 级地震和火山活动空区,抚顺煤田就位于这个空区内缘,该区域历史上强度最大的地震是 1496 年 6 月 29 日发生在抚顺东洲堡的 4.7 级地震,距抚顺煤田约 16 km。

表 5-1   抚顺煤田方圆 100 km 以内 $M_S \geqslant 5.0$ 级地震统计

发震时间	震中位置		震级(M_S)	震中地名	距抚顺煤田距离/km
	纬度/(°)	经度/(°)			
1596 年	42.60	124.00	5.0	开原	83
1775 年	42.30	123.90	5.5	铁岭	50
1765 年	41.80	123.40	5.5	沈阳	30

　　1970 年 1 月 1 日至 2006 年 12 月 31 日的地震观测结果显示,在包含抚顺煤田在内约 $2×10^4$ km² 的一个梨形块体内(图 5-5)没有观测到超过里氏 3.0 级地震,而这一梨形地块厚度为 $33～35$ km 的太古代古老变质岩结晶基底沿断裂有岩浆侵入。这表明该地块结晶程度高,后期岩浆侵入胶结较好,断层闭锁程度高,现今构造运动不显著,是一个现今构造运动相对稳定的地块。

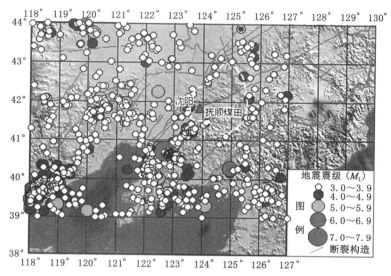

图 5-5　抚顺煤田所处梨形块体及周边超过里氏 3.0 级地震震中分布图

5.2.2　梨形块体内现今构造应力场对抚顺煤田的调制作用

　　从岩石介质性质和地震活动情况判断,梨形古老变质岩结晶基底构成这一区域的一个独立的地质单元,与周围的地质环境截然不同,本书称其为"梨形块体"。

　　进一步考察梨形块体内的现今构造应力场与抚顺煤田局部应力场的关系。在梨形块体内观测到的天然地震与用抚顺煤田的采动微震能量释放归一化的等效震级图像显示,梨形块体内天然地震比较稳定,能量释放总水平全年相当于一个不超过里氏 3.0 级的地震,其活动水平低于抚顺煤田的采动微震活动水平,两者未见相关性,如图 5-6 所示,表明抚顺煤田所处梨形块体内现今构造应力场强度不高并相对稳定,梨形块体内的现今构造应力场对抚顺煤田局部应力场未产生显著中长周期调制作用。

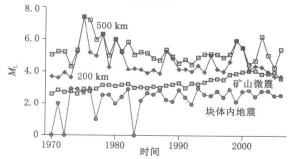

图 5-6　抚顺煤田采动微震与梨形块体内外地震等效震级对比图

5.2.3 东北区域现今构造应力场对抚顺煤田的调制作用

再进一步考察梨形块体外现今构造应力场对梨形块体内现今构造应力场和抚顺煤田局部应力场的调制作用。用 1970 年 1 月至 2006 年 12 月以抚顺煤田为中心,半径 50 km、100 km、200 km、300 km、400 km、500 km 范围的梨形块体外天然地震和同期梨形块体内天然地震及抚顺煤田震用年度能量释放总量均归一化为等效震级相互比较,显示出半径大于 100 km 天然地震的大趋势受辽南地震区控制(图 5-6 中只给出了 200 km 和 500 km)。块体外地震对块体内的地震活动在 1975 年的 7.3 级地震前后有轻微影响,其他时段无显著影响,块体外的全部地震与抚顺矿区的采动微震间既不同步亦无延迟,未见显著相关性。

5.2.4 现今构造应力场对抚顺煤田停采井田的调制作用

抚顺煤田胜利矿 1971—1978 年共记录到采动微震 64 次,平均 8 次/年,最高震级为 1978 年 9 月 21 日的 2.8 级。1979 年停采后到 1989 年 1 月 15 日间共记录到 23 次采动微震,平均 2.3 次/年,年频次是开采期间的 28.8%,即采动微震活动频次年均衰减了 71.2%,最高震级发生在 1986 年 2 月 7 日(2.1 级),之后再未记录到该矿的采动微震活动。在胜利矿南侧的西露天矿 -430 m(约 500 m 深度)继续开采和其东侧老虎台矿开采导致的采动微震活动不断增强情况下,胜利矿于停采 10 年内采动微震活动很快衰减殆尽,并未再复发,如图 5-7 所示。

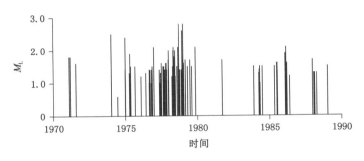

图 5-7 胜利矿采动微震图

抚顺煤田胜利矿开采活动停止后,采动微震活动很快衰减殆尽,并且不再复发。这表明现今构造运动对抚顺煤田已经停采矿井采空区的作用不足以继续孕育和引发采动微震活动。

研究表明,抚顺煤田虽处于敦化-密山活动断裂带,但由于处于一个特殊的古老变质岩结晶基底-梨形地质单元,单元内地震活动很弱,现今构造运动强度低且稳定,对抚顺煤田局部应力场无显著中长周期调制作用。单元外的强地震对梨形地质单元及抚顺煤田局部应力场也无显著中长周期调制作用;抚顺煤田的其他井工煤矿开采活动一旦停止,采动微震活动很快衰减殆尽,并且不再复发。据此判断,抚顺煤田外部长期流入动力的作用不显著,采动微震能量释放的动力来源主要是残余构造应力、岩体自重应力和采矿引起的次生附加应力,中长周期的边界应力条件可视为恒定。

5.3　现今构造应力场短期调制作用型煤田

有些煤矿,无论区域构造应力场对其是否有中长期调制作用,当周边发生一定能量的地震前后,都可对矿区局部应力场产生短期的一次性影响,诱发冲击地压、矿震、煤与瓦斯突出或瓦斯异常涌出。通常,这样的矿井与地震间有活动地质构造相联系,成为地震应力或能量传递的通道,强烈地震前后还可能引起地壳大面积同步运动,影响范围增大。

5.3.1　抚顺煤田

以抚顺煤田为中心,半径 130 km 范围内没有发生过 $M_s \geqslant 5.0$ 级地震。130～600 km 范围内发生了 6 次 5.3～7.3 级地震,对抚顺煤田均未见长周期调制作用。但这 6 次强地震中有 3 次在强地震前后抚顺煤田发生过一次当时强度最高的矿震,而矿震前后未见矿震活动性总体存在其他异常。例如,1975 年 2 月 4 日海城 7.3 级地震前的 1 月 5 日发生了一个里氏 2.5 级(当时最强)的矿震;1988 年 2 月 25 日彰武 5.2 级地震后的 3 月 19 日发生了一个当时最强的里氏 2.8 级矿震;2002 年 6 月 29 日吉林汪清 7.2 级深源地震前 2 个小时发生了一个里氏 3.4 级矿震。

由上述情况推测,区域现今构造应力场虽然对抚顺煤田未见中长期调制作用,但周边的强烈地震应力场可对抚顺煤田矿区局部应力场产生短时的激发作用,一次事件过后,影响即行消失。

5.3.2　山西 5 个煤矿

2001 年 11 月 14 日 17:26,青海与新疆交界的昆仑山口西(35.93°N,90.53°E)发生 8.1 级强地震。2001 年 11 月 14 至 22 日,山西省 5 个煤矿连续发生瓦斯爆炸事故,99 人罹难,见表 5-2、图 5-8。

表 5-2　昆仑山口西地震前后山西省 5 个煤矿煤矿瓦斯事故一览表

序号	发生时间	地区	煤矿	地理坐标		震中距 /km	罹难 /人
				北纬/(°)	东经/(°)		
1	11 月 14 日 11:40	阳泉市盂县路家村镇	清榆	38.05	113.45	2 050	11
2	11 月 14 日 17:26	昆仑山口西 8.1 级地震		35.93	90.53		
3	11 月 15 日 21:20	吕梁地区交城县天宁镇	坡底	37.57	112.15	1 930	33
4	11 月 17 日 10:30	大同市南郊区高山镇	大泉湾	40.00	113.13	2 030	14
5	11 月 18 日 5:30	晋城市沁水县郑村镇	湘峪	35.60	112.57	1 990	14
6	11 月 22 日 16:30	吕梁地区中阳县城关镇	乔家沟	37.35	111.18	1 850	27

煤矿瓦斯爆炸存在管理不善问题,但一个地区有 5 个煤矿在相距约 2 000 km 的 8.1 级强地震前后 8 天内连续发生瓦斯异常涌出,就绝不应是偶然因素,应当是强烈地震应力场对矿区局部应力场产生了短期调制作用。

2002 年 6 月 29 日 1:19,吉林省汪清发生的 7.2 级深源地震对黑龙江、吉林和辽宁等省份的 4 个煤矿产生了影响。2000 年 11 月 25 日 14:20,内蒙古呼伦贝尔煤业集团大雁煤业公司第二煤矿瓦斯事故受附近两条活动断裂带交汇区发生的 5 次里氏 3.0～4.1 级小震群

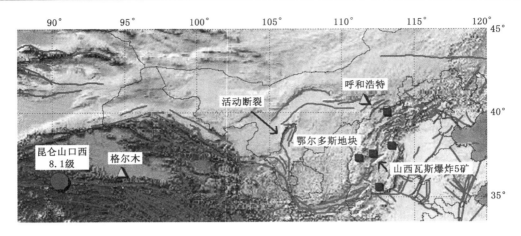

图 5-8　昆仑山口西 8.1 级地震与山西省瓦斯爆炸煤矿地质构造关系图

区的影响等均属此类情况。

5.4　区域现今构造应力场对矿井局部应力场的调制作用

（1）区域现今构造应力场对矿区局部应力场存在调制作用，可通过区域地震和矿山采动微震活动的相关性来分辨和判断。

（2）由于矿区所处地质单元的差异，区域现今构造应力场对矿区局部应力场的调制作用方式不同，目前认识到三种类型作用方式：有显著中长期调制作用、无显著中长期调制作用和有短周期调制作用。无论是否存在中长期调制作用，都可能存在短周期调制作用。

（3）对于有显著中长期调制作用型矿井，可通过地震活动性分析对矿井的动力灾害中长期危险性提出警示，也可将矿井的微震活动作为地震预测的"窗口"前兆信息。

（4）对于有短周期调制作用的矿井，用矿井的微震和瓦斯活动作为地震预测的"窗口"前兆信息比较困难。受地震预测技术所限，地震发生前对矿井动力灾害的预警作用很难发挥。而当周边强烈地震发生后，可作为此类矿井的预警信息，应引起高度的注意。

（5）区域现今构造应力场对矿区局部应力场在灾害孕育和发生中所起到的宏观和大范围调制作用，应当作为矿压防治中不可忽视的因素并引起高度注意。

第6章　井田尺度采动应力释放反演与工程意义

无论冲击地压、强矿震还是煤与瓦斯突出,其孕育发生都与应力场有关,而强矿震震源机制反演可以反映出井田应力场特性。矿震破裂源是采动应力聚积与释放的策源地,破裂源的运动学和动力学机制及在空间的分布规律,最直接反映了矿震破裂孕育、发生和破坏的力学机理。采矿工程和防治冲击地压、强矿震、煤与瓦斯突出灾害,对掌握井田应力场至关重要。

6.1　采动岩体破裂源力学机制及反演方法

岩体破裂时宏观破裂面的错动方式,称为破裂源机制解答或震源机制解答,它既反映了岩体宏观破裂面位错时破裂源区的力学模式,又在很大程度上反映了孕育岩体宏观破裂的应力场属性,是研究大尺度岩体宏观破裂孕育和发生机理广泛使用的方法和途径。单个岩体破裂的破裂源机制反映的是破裂源处的应力释放特征,并不能完全反映应力场全貌,而众多岩体破裂的破裂源机制总体特征能够代表应力场的属性。

岩体破裂源研究始于美国的 Ride[82],他在研究 1906 年加利福尼亚地震的基础上提出了"弹性回跳理论"。20 世纪 20 年代,日本学者发现了地震波初动方向在 4 个象限相间分布的规律,在此基础上又引出了节面的概念,Nakano[83] 提出了在弹性介质中求出使初动符号分布与地震时观测到的结果相符的集中力源问题,他从集中力源引起的位移公式中导出了针对某些偶极子源的相应表达式,开辟了震源的定量研究。这一领域在后来一个相当长时间内的研究方向就是探索用地震波初动符号和 P、S 波振幅比来确定与震源等价的点源类型和定向的方法。

双力偶点源模型是描述震源位错常用的模型。双力偶由一对大小相等、方向相反的力偶组成,是一种合力和合力矩都等于零的集中力系。其在弹性体内部作用,会使震源区介质产生突然变形,从而向外辐射地震波。对于 P 波纵波,Ⅰ、Ⅲ 两个象限辐射出去的是拉伸波(或膨胀波),波通过时介质元体积发生微小的膨胀,直接传到微震测站后使垂直向传感器记录到初动向下的地动位移(图 6-1),与 x、y 轴夹角 45°的方向为拉伸 P 波辐射最强的方向,该方向称为双力偶点源的 T 轴方向。Ⅱ、Ⅳ 两个象限辐射出去的是挤压波,波通过时介质元体积发生微小的压缩,直接传到微震测站后使垂直向传感器记录到初动向上的地动位移[图 6-1(a)],与 x、y 轴夹角 45°的方向为压缩 P 波辐射最强,该方向称为

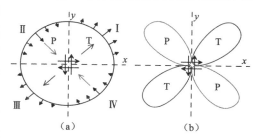

图 6-1　双力偶点源在力偶所在平面内的 P 波辐射图

双力偶点源的 P 轴方向[图 6-1(b)]。

在此方面虽然开展了大量有意义的研究工作,但地震机理目前仍处于探索阶段,还属推断性认识,一般采用各种震源模型进行解析,常见的是点源和非点源两种模型。点源模型根据点源作用力的不同,又进一步划分为单力偶震源模型和双力偶震源模型;非点源模型分为有限移动震源模型和位错震源模型。

目前,并没有发现矿震与天然地震的震源机制存在系统的差异,人们所发现的天然地震机制的绝大多数机理均可以用于矿震。因此,本书基于双力偶点源震源模型,应用许忠淮发明的 P 波初动符号的格点尝试方法[84],采用施密特网下半球投影,通过反演强矿震震源机制和其他方法相结合,分析采动应力释放特征[85-86]。

使用目前国际上常用的方法描述地震和矿震断层的走向、倾角和滑动角三个参数。本书旨在分析矿震震源的破裂方式和矿震应力释放特征,不追求矿震断层和主应力方向的细微分类,因此将断层滑动方向与水平面所夹锐角的绝对值 α 和震源机制主应力轴仰角 β 用 $25°$ 和 $65°$ 进行分割,将矿震断层滑动及主应力方向概略分为水平和近水平、倾斜、垂直和近垂直三种类型,见表 6-1。

表 6-1　断层滑动及主应力方向约定(与平面夹角)

水平和近水平	倾斜		垂直和近垂直
	缓倾斜	陡倾斜	
$\alpha \leqslant 25°$	$25° < \alpha < 45°$	$45° \leqslant \alpha < 65°$	$\alpha \geqslant 65°$
$\beta \leqslant 25°$	$25° < \beta < 45°$	$45° \leqslant \beta < 65°$	$\beta \geqslant 65°$

矿震与天然地震的成因有所差异,单就考察矿震震源的应力释放特征本身,尚不足以正确反映矿震的震源机理全貌。全面揭示震源机理需要与井田的古应力场、周边的区域现今构造应力场、井田的现今应力场和采矿活动进行对比分析,探索它们的相互关系和规律。因此,本书循着图 6-2 所示技术路线研究老虎台井田的矿震震源机理。

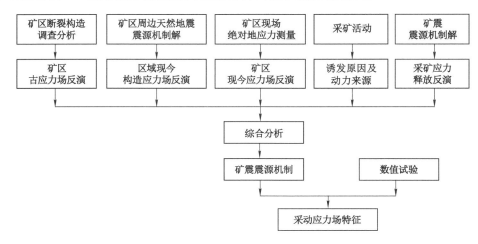

图 6-2　基于矿震震源机制解的采动应力释放反演技术路线图

6.2　老虎台井田采动应力释放反演

6.2.1　老虎台井田断裂构造统计分析

　　断裂调查和统计分析是反演构造应力场的常用途径。本次工作收集整理老虎台矿－380 m、－430 m、－580 m、－630 m、－730 m、－780 m 和－830 m 七个主水平巷道和工作面揭露的断裂资料中 541 个样本,基本可以反映老虎台井田断裂构造和应力场的全貌。用上半球等面积投影进行断裂等密度统计分析,用玫瑰图对断裂产状进行方向性统计分析,结合断层面现场地质调查和煤田地质图分析,综合反演井田历史构造应力场。

　　断裂方向性统计结果显示存在两组优势断裂面,如图 6-3～图 6-5 所示。其中一组优势走向为 60°～100°,优势倾向为 NNW,与浑河主断裂老虎台段方向(70°)一致,占主体地位;另一组优势走向为 320°～350°,优势倾向 NEE,与 NW 向断裂方向一致,处于相对次要地位。两组断裂面均为陡倾斜或近于垂直。它们显示出共轭破裂的特征,其断层性质、走向、倾向、倾角以及变位的规模都有着相似性,只是在各深度水平的发育不均衡,优势方向有所变异。说明它们生成于类似的力学条件下或受到类似的力学条件再次改造,应当属于同一断裂系,是浑河断裂最新时代形成及演化的同期产物。

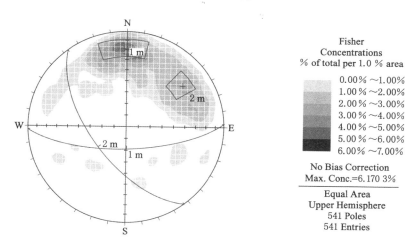

图 6-3　老虎台矿－380～－830 m 水平断裂等密度图

　　根据断裂统计,分析反演的抚顺老虎台井田局部构造应力场力学模型如图 6-6 所示,应力场为 NEE 向和 NNW 向推力的联合作用,与大区域地壳动力方式一致。

6.2.2　老虎台井田现场地应力测量

　　通过井田深部区域现场原位绝对地应力测量,解析井田的原岩应力场。

　　在老虎台井田－680 m、－730 m、－780 m 不同深度的三个测点,使用完全温度补偿的空心包体应力应变计,用应力解除法进行现场绝对地应力测量,测得各测点的主应力状态和强度见表 6-2。

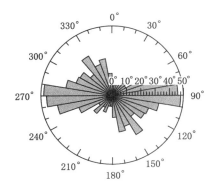
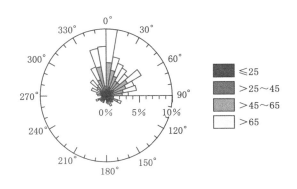

径向为断裂条数;周向为断裂走向方位角。

图 6-4　老虎台矿－380～－830 m
水平断裂走向玫瑰图

径向为不同倾角断裂的比例;周向为倾向方位角。

图 6-5　老虎台矿－380～－830 m
水平断裂倾向倾角玫瑰图

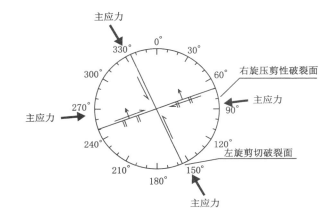

周向为主应力轴走向方位角。

图 6-6　断裂统计分析反演的老虎台井田历史构造应力示意图

表 6-2　老虎台井田各测点主应力计算结果

测点	埋深/m	最大主应力 σ_1			中间主应力 σ_2			最小主应力 σ_3		
		数值/MPa	方向/(°)	倾角/(°)	数值/MPa	方向/(°)	倾角/(°)	数值/MPa	方向/(°)	倾角/(°)
1	857.9	34.95	325.3	－2.2	17.34	222.4	－80.0	14.46	235.7	9.7
2	805.5	32.20	208.5	5.7	17.64	117.7	7.8	15.85	154.4	－80.3
3	758.8	31.94	352.2	－12.7	15.35	311.8	73.4	9.95	80.5	10.6

　　龙凤井田与老虎台井田相隔 50 m 宽煤柱,在－635 m 水平(约 720 m 深),使用 XY-9 型岩石钻孔三轴应变计的绝对应力测量成果被收集分析使用。

　　两个井田 8 个点的绝对地应力值表明,两井田的地应力强度水平不尽相同,老虎台井田最大与最小主应力的比值(近于水平最大主应力与垂直自重应力)为 1:(2.0～3.2),龙凤井田为 1:(3.3～9.8),两井田多数为 1:(2.0～3.6),这种情况一则可能反映地应力的空间不均衡性,二则可能还与使用不同的测试设备有关,对于地应力强度的绝对量值,仅作为参考。但水平应力明显大于按泊松效应计算的量值这一点是相同的,说明存在较强的水平构造应力。但当岩石绝对地应力测量结果的最大水平主应力大于按泊松效应算出的水平主应力值时,只表明存在构造应力,而不能由此判断现今的构造运动状态。地壳中存在构造运动是绝对的,构造运动稳定则是相对的,但在矿山开采周期内区分出现今构造运动和残余构造应力是必要的。

主应力状态测量结果显示(图 6-7),主应力轴的空间展布一致性较强,最大主应力轴 σ_1 优势方向为 NW(280°～350°),最小主应力轴 σ_3 优势方向为 NE（10°～80°）,两者仰角均小于 30°,近于平卧,均为压应力;中间主应力 σ_2 优势仰角大于 70°,近于陡立。

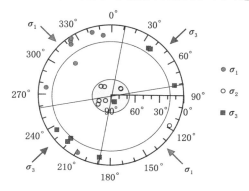

径向为主应力轴仰角;周向为主应力轴走向方位角。

图 6-7　老虎台-龙凤井田地应力测量主应力轴空间展布极点图

井田绝对应力测量得到的最大主应力轴的空间展布与井田地质构造反演的构造应力场主压应力合力方向一致,也与大区域的现今构造运动状态一致。

上述事实进一步表明,东北区域是在 NEE 向和 NNW 向主压应力合力作用下的以右旋走滑为主的现今构造应力场背景。抚顺煤田所处的局部构造应力场与外围东北区域的环境应力状态大体相当,表现出 NNW 向和 NEE 向共同作用的水平挤压动力,构造形迹保留了前古近纪的左旋和逆冲,而井田局部现今构造运动表现的是右旋和不甚显著的逆冲,但未见现今构造运动在地质构造方面显示的显著证据,表明现今构造运动强度不高,存在较强的残余构造应力。

老虎台井田断裂构造调查分析和现场地应力测量结果表现出 NNW 向和 NEE 向共同作用的合力 NW 向的水平挤压动力,构造形迹保留了前古近纪的左旋和逆冲,而井田局部现今构造运动表现的是右旋和不甚显著的逆冲,但未见现今构造运动在地质构造方面的显著证据,表明现今构造运动强度不高。

结合区域地震和井田矿震震源机制解及采矿活动,综合分析矿震的震源机理。

6.2.3　区域强烈地震构造应力场反演

本项工作收集东北地区 24 个里氏 3.5～7.5 级天然地震的震源机制解以及 15 个地区的小震综合断层面解。这些地震分布在郯-庐断裂及其北延的舒兰-伊兰断裂和敦化-密山断裂沿线,老虎台井田即处于这个断裂构造体系。本书使用上述资料分析震源机制特征,反演老虎台井田周边的区域现今构造应力场,以便与矿震应力释放进行比较。

6.2.3.1 区域强震震源机制解答

24 个较强地震(主震)的震源机制解显示震源机制一致性较强,总体应力轴优势方向为:P 轴(主压)走向 NEE-SWW(65°),仰角 0°~44°的占 87.5%;T 轴(主拉)走向 NNW-SSE(340°),仰角 0°~44°的占 95.8%;主压和主拉应力均为近水平和缓倾斜,N 轴(中等应力轴)仰角 45°~90°的占 75%,为近垂直和陡倾斜,如图 6-8 所示。断层节面优势倾角 60°~90°,一组共轭的断层节面,优势走向为 20°~60°和 100°~140°,如图 6-9、图 6-10 所示。体现出区域应力场的水平应力在地震孕育中占主导地位,见表 6-3、图 6-11,NEE 向为主压应力,断裂活动形式以走滑为主。

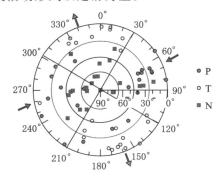

径向为主应力轴仰角;周向为主应力轴走向方位角。

图 6-8 辽宁地区震源机制解应力轴极点图

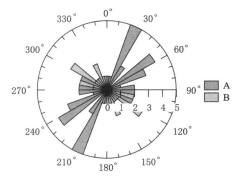

径向为断层条数;周向为走向方位角。

图 6-9 辽宁地震震源机制断层节面走向玫瑰图

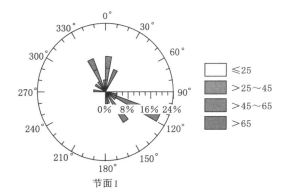

节面I

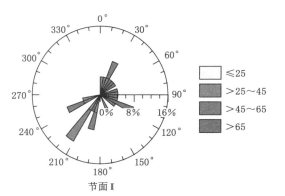

节面I

径向为不同倾角断裂的比例;周向为倾向方位角。

图 6-10 辽宁地震震源机制节面倾向倾角玫瑰图

表 6-3 辽宁强地震震源机制主应力轴仰角统计表

应力轴 仰角/(°)	P 轴		T 轴		N 轴		定性描述	
	数量/个	比率/%	数量/个	比率/%	数量/个	比率/%		
0~25	12	50	20	83.3	1	4.2	近水平	水平力
26~44	9	37.5	3	12.5	5	20.8	缓倾斜	斜向力
45~64	2	8.3	1	4.2	9	37.5	陡倾斜	
65~90	1	4.2	0	0	9	37.5	近垂直	垂直力

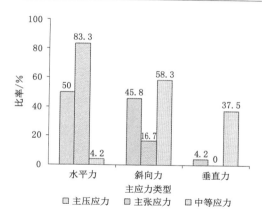

图 6-11 辽宁强地震震源机制主应力轴仰角直方图

6.2.3.2 区域小震综合断层面解答

在缺少区域强地震资料的地区,可以将众多的小地震视为地震台,而将地震观测台的位置视为震源,反演地震观测台处的应力场,称为小震综合断层面解。

分析收集到的 15 个地区小震综合断层面解发现,地震应力场特征与区域强震的特征基本一致。总体应力轴优势方向为:P 轴(主压)走向 NEE-SWW(65°),仰角 0°～44°的占 86.6%;T 轴(主拉)走向 NNW-SSE(325°),仰角 0°～44°的占 93.3%,主压和主拉应力为近水平和缓倾斜。这也体现出区域应力场的水平应力在地震孕育中占主导地位,NEE 向为主压应力,断裂活动形式以走滑为主,见表 6-4、图 6-12、图 6-13。

表 6-4 东北小震综合断层面解主应力轴仰角统计表

应力轴仰角/(°)	P 轴		T 轴		定性描述	
	数量/个	比率/%	数量/个	比率/%		
0～25	8	53.3	11	73.3	近水平	水平力
26～44	5	33.3	3	20	缓倾斜	斜向力
45～64	1	6.7	1	6.7	陡倾斜	
65～90	1	6.7	0	0	近垂直	垂直力

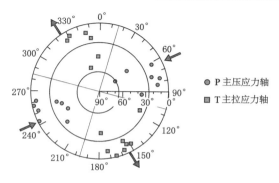

径向为主应力轴仰角;周向为主应力轴走向方位角。

图 6-12 东北小震综合断层面解主应力轴极点图

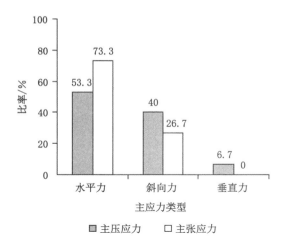

图 6-13 东北小震综合断层面解主应力轴仰角直方图

将上述震源机制解结果的应力球和主压应力轴投射到地表平面,如图 6-14 所示。图中沿 NE-SW 向断裂带的广泛区域,主应力方向一致性较强,主压应力主体方向为 NEE-SWW 向。

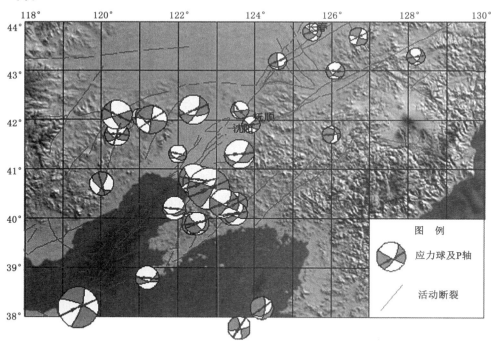

图 6-14 区域地震震源机制解应力球平面分布图

6.2.3.3 区域现今构造应力场分析

由前文可知,区域天然地震应力释放的优势主压应力方向为 NEE(60°~80°),主张应力方向为 NNW(330°~20°),应力轴近于平卧,中等应力轴陡立,一组共轭的断层节面优势走

向为 $20°\sim60°$（主断裂走向 $50°$）和 $100°\sim140°$。表明区域应力场的水平应力在天然地震孕育中占主导地位,受 NEE-SWW 向的挤压为主导,断层活动表现出右旋走滑特征(图 6-15),这与敦化-密山断裂带的空间展布和新生代以来右旋走滑性质相吻合。

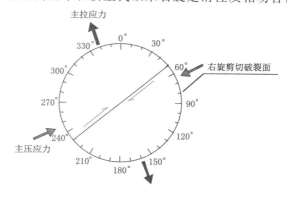

周向为主应力轴走向方位角。

图 6-15　区域地震反演的区域构造应力场运动模式示意图

　　需要说明的是,通过震源机制解答无法求解出两个方向水平压应力的联合作用机制,只能求出一对主要压应力,而相对次要的一个方向将会表现为主拉应力。根据前述区域地壳的板块运动方向综合判断,应该以 NEE 向的水平主压应力为主、NNW 向的为次,两者联合作用,水平主压应力合力方向为 NW 向。

6.2.4　老虎台井田采动矿震应力释放反演

　　在老虎台井田半径 150 km 范围内有 20 个三分向地震台,190 km 范围内还有 4 个地震台,这 24 个地震台在震源球四象限分布基本均匀,如图 6-16 所示。从图中可以清晰看到超

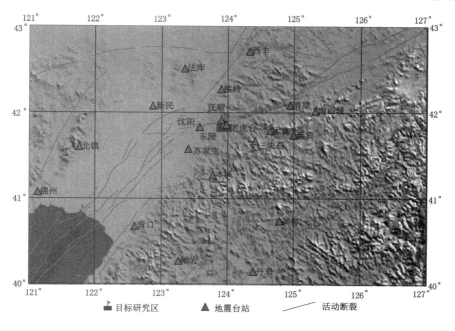

图 6-16　震源机制解地震台站分布图

过里氏2.7级矿震的P波初动。每次矿震至少同时有9个这些地震台中清晰的P波初动资料,求解老虎台井田强矿震的震源机制。

为确保P波初动方向的可靠性,用远震初动方向校核和拾震器连接线位置核对方法,对拾震器的垂直方向进行重新标定和复核。基于双力偶点源的震源模型理论,采用手工乌尔夫网上半球投影、计算机格点尝试和斯密特网下半球投影三种方法对比求解了27个矿震的震源机制,各种方法反演的结果间并未显示存在系统和原则性差异。最终采用斯密特网下半球投影方法反演全部矿震的震源机制。

本书求解出初动震相清晰的81个超过里氏2.7级较强矿震的震源机制,并通过井下极近场宏观震源调查,对震源类型进行判断和验证。通过高精度震源定位和井下极近场宏观震源调查,分析震源机制与采矿活动和地质构造间的关系,并将矿震应力释放反映出的井田现今应力场特征与天然地震的应力释放进行比较,从而进一步判断井田局部应力场受区域现今构造应力场的调制作用强度和采矿应力释放的机理。

震源机制解答显示出如下总体特征:

(1)矿震震源的空间分布与已存在的断裂位置密切相关。平面上显示受浑河主断裂 F_1A 和次级断裂 F_0、F_{35} 的控制,如图6-17所示。剖面上可见实际上绝大多数受 F_{25}、F_{26}、F_0 等正断层控制,如图6-18~图6-22所示。

(2)矿震震源机制比较复杂,表现出多样性,天然地震和矿震中目前所见的各种机制在老虎台一个井田均有发生,但存在显著的优势机制。以双力偶机制为主,占86.4%;其次为非双力偶机制,占13.6%。其中,双力偶机制中以逆断层运动为主,占74.1%;正断层、走滑断层和垂滑断层较少,合计仅占12.3%。老虎台井田强矿震震源机制类型统计见表6-5。

表6-5 老虎台井田强矿震震源机制类型统计表

震源机制类型	双力偶				非双力偶	合计
	逆断层运动	正断层运动	走滑断层运动	垂滑断层运动		
数量/个	60	4	3	3	11	81
比例/%	74.1	4.9	3.7	3.7	13.6	100

(3)中央煤柱东部采区共发生17个矿震,占本项工作可求解震源机制强矿震总数的21%。其间采矿活动在55001工作面和与其相邻的63001工作面进行。矿震震源机制共有两类,一类是双力偶机制的逆冲断层机制,11个,占64.7%,主应力优势方向显著,主压应力水平,方位NW-SE,应力状态相对比较稳定;另一类是非双力偶机制,6个,占35.3%,几乎全部发生在55001和63001工作面煤柱附近开采及其延迟影响期间,如图6-17的B区域及图6-23、图6-24所示。逆冲断层机制矿震的震源与断层位置密切相关,几乎全部发生在采空区底板或远离采空区;非双力偶机制的矿震震源分布在采空区顶板和大型煤柱部位,震后可见煤柱破裂、缩短,顶板大规模破断、下沉,但未陷落到底板。

(4)中央煤柱西部采区采深大,地应力强度高,导致震源机制类型比较丰富,而且造成部分震源机制主应力轴方位变异。

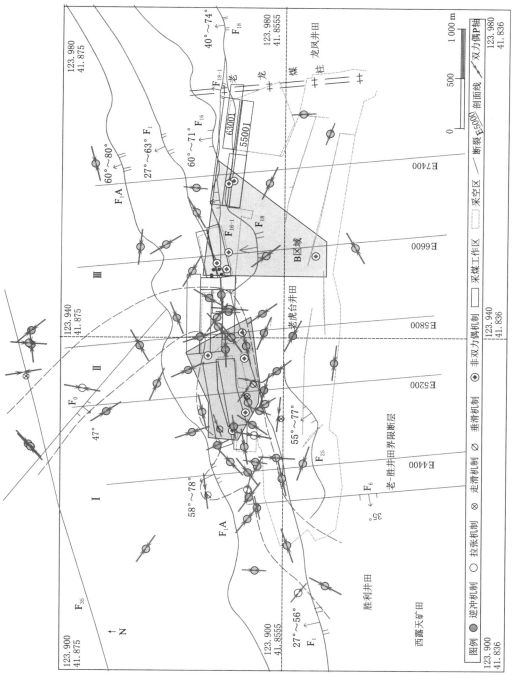

图 6-17　老虎台井田矿震震源机制解平面分布图

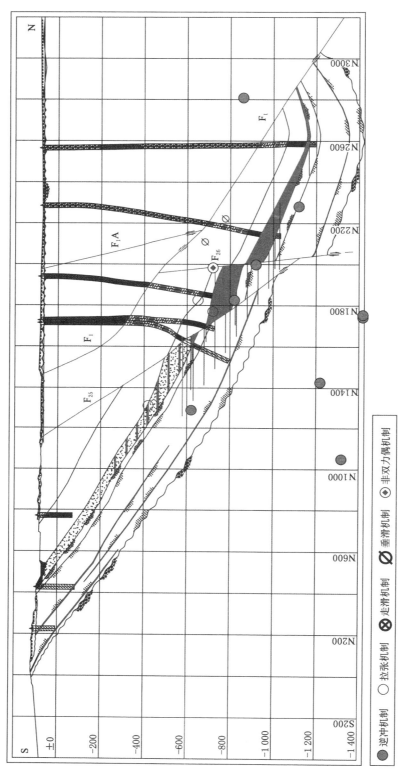

图 6-18　震源机制E4400剖面投影图

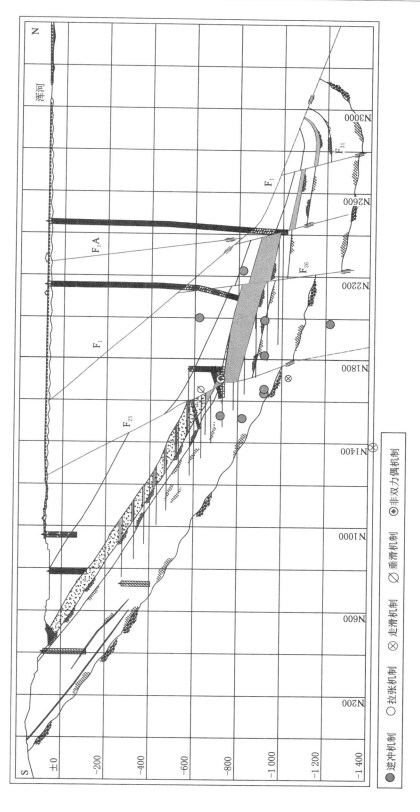

图 6-19　震源机制E5200剖面投影图

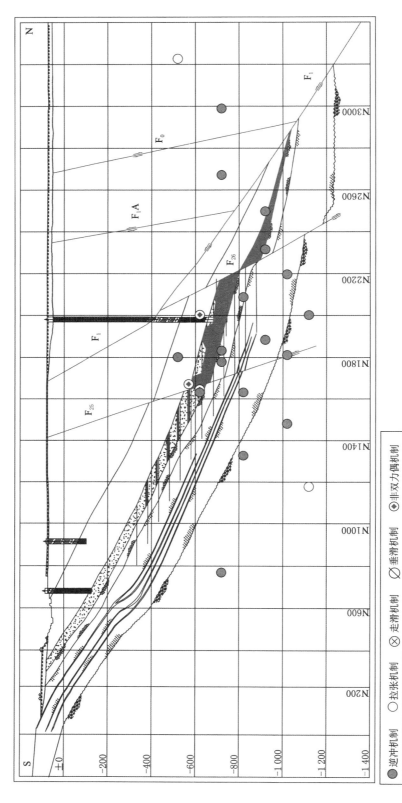

图 6-20　震源机制E5800剖面投影图

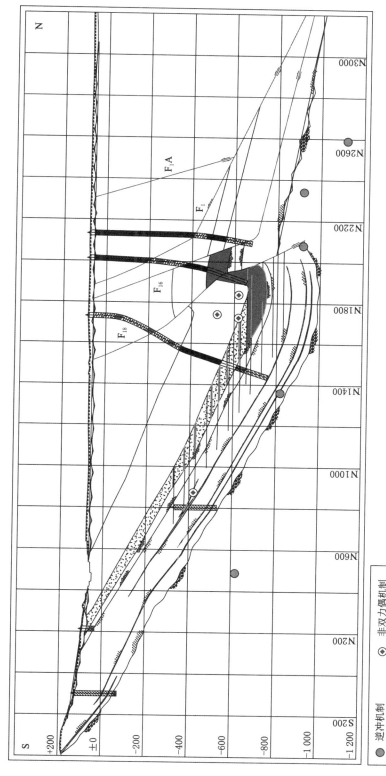

图 6-21 震源机制E6600剖面投影图

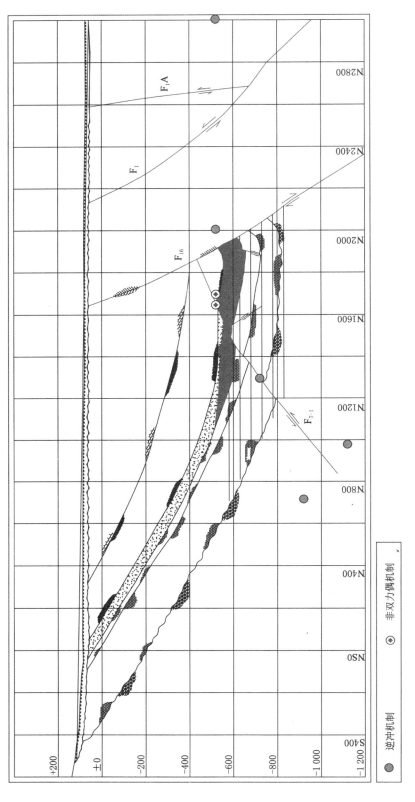

图 6-22　震源机制E7400剖面投影图

（5）非双力偶型和垂滑型机制矿震震源的分布存在高度聚类现象,集中分布在 A、B 两个区域,其中 A 区域的矿震发生在开采 73001 工作面煤柱及其延迟影响期间,B 区域的矿震发生在 55001 工作面煤柱附近开采及其延迟影响期间,如图 6-17、图 6-23、图 6-24 所示。

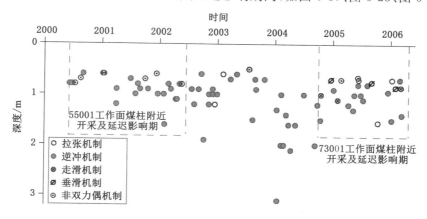

图 6-23　震源机制时序分布图

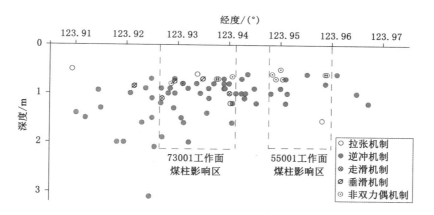

图 6-24　震源机制经向分布图

（6）非双力偶型震源,也有学者称为"内爆"——塌陷机制。然而实践中发现这种塌陷多见的是"塌而不落",绝大多数发生在开采大型煤柱时,伴随煤柱的破坏、缩短,顶板大面积无优势面破裂和底板大面积隆起,这是由于煤柱破裂引发的顶底板突然失稳。

（7）矿震破裂面(节面)优势方向不显著,随机性较强,反映出破裂面比较复杂,如图 6-25 和图 6-26 所示。

（8）矿震震源应力释放主压应力轴仰角(P)是近水平和缓倾斜的占 91.4%,中等应力轴仰角(N)是近水平和缓倾斜的占 92.9%,优势仰角显著,但无明显优势方位,总体方位随机性较强。反映出在强矿震的孕育和发生中主压应力为水平应力,主张应力为垂直应力,尤其是垂向主张应力的作用显著区别于该区域的天然地震,这与逆冲机制为优势机制的结论吻合,如图 6-27 和图 6-28 所示。老虎台井田强矿震双力偶震源机制主应力轴仰角统计见表 6-6。

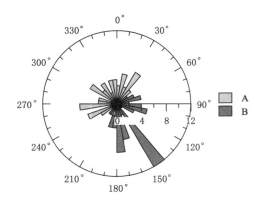

径向为节面条数;周向为节面走向方位角。

图 6-25　双力偶矿震震源机制节面走向玫瑰图

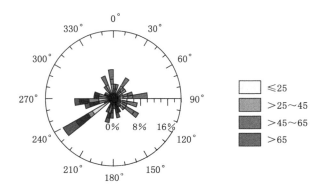

径向为不同倾角节面的比例;周向为倾向方位角。

图 6-26　双力偶矿震震源机制节面倾向倾角玫瑰图

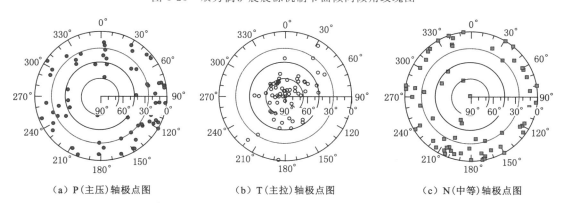

（a）P（主压）轴极点图　　　（b）T（主拉）轴极点图　　　（c）N（中等）轴极点图

径向为主应力轴仰角;周向为主应力轴走向方位角。

图 6-27　双力偶矿震震源机制主应力轴空间展布图

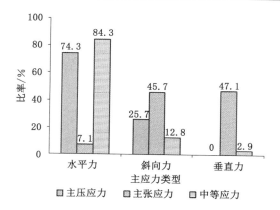

图 6-28　老虎台井田双力偶矿震震源机制主应力轴仰角直方图

表 6-6　老虎台井田强矿震双力偶震源机制主应力轴仰角统计表

应力轴仰角/(°)	P 轴		T 轴		N 轴		定性描述	
	数量/个	比率/%	数量/个	比率/%	数量/个	比率/%		
0～25	52	74.3	5	7.1	59	84.3	近水平	水平力
26～44	12	17.1	3	4.3	6	8.6	缓倾斜	斜向力
45～64	6	8.6	28	40.0	3	4.3	陡倾斜	斜向力
65～90	0	0	34	48.6	2	2.8	近垂直	垂直力

6.3　老虎台井田采动断层活化力学机制反演

在老虎台井田深部,正断层附近发生的矿震震源机制却表现为逆冲运动,而且主压应力轴方位与井田整体应力场不符。本书提出是由于采动应力场调整导致的强制逆冲震源机制[87-88]。

6.3.1　震源机制主应力分布特征

图 6-27 显示的震源机制主应力轴仰角、主张应力轴高度聚类近于垂直,主压和中等应力轴近于水平,但方位显示出无序状态。当将全部双力偶矿震震源机制的主应力轴方位投影到平面上后,其显示出较强的主应力方向及其变位规律。

图 6-17 显示的双力偶矿震的主应力方向自西向东显示出三个区域,主应力轴空间展布图附于相应的区域。三个区主张应力轴始终陡立。Ⅰ和Ⅲ区相同,显示出主压应力轴平卧,方位以 NW 向为主,中等应力轴平卧,方位以 NE 向为主,与抚顺煤田的现场原位地应力测量结果(图 6-7)和断裂调查反演的应力场相一致。但Ⅱ区,与其他两区及现场原位地应力测量结果和断裂调查反演的应力场截然不同。主压应力轴平卧,方位以 NE 向为主,中等应力轴平卧,方位以 NW 向为主。平面上表现在一个深部正在开采的广阔条带内和一个 NNW 向正断层 F_0 附近,主压应力轴方位变异为 NE 向(图 6-17)。剖面上可见(图 6-18、图 6-22),绝大多数发生在 F_{25}、F_{26} 和 F_0 正断层附近。

发生在 F_0、F_{6-1}、F_{16}、F_{16-1}、F_{25} 和 F_{26} 正断层附近的 44 例双力偶矿震震源中,有 37 例是逆冲机制、1 例是走滑机制、3 例是垂滑机制。有 4 例是拉张(正断层)机制,仅占 9%,而且

3 例是采空区顶板破断,仅有 1 例是与断层运动相关的机制,仅占 2.3%。这种在正断层附近发生的逆冲震源机制,与既有断层状态应有的力学机理存在矛盾,引发了关于"强制逆冲震源机制"的研究。

6.3.2 断层附近开采动力学数值试验

北京科技大学科研团队用三维有限差分计算软件 FLAC 3D 建立三维数值模型,开展的采动力学数值试验包括了老虎台井田大部分开采区域[89]。计算模型沿走向长约 3 800 m,沿倾斜宽约 3 000 m,高度约 1 100 m(自地表至−1 000 m),三维模型共划分为 119 340 个单元、135 298 个节点,其中包括 F_1、F_{1-A}、F_{61}、F_{16}、F_{18}、F_{25} 和 F_{26} 等 7 条对开采影响较大的断层。

将横切震源机制异常区 F_{25}、F_{26} 断层和老虎台井田最大开采深度的 83001 工作面(910 m 深)的 E5200 剖面列为典型研究对象进行解剖(图 6-23)。

开采动力学数值试验结果显示,从 680 m 深度的断层与煤层交界处,断层附近岩体的剪切应变率和体积应变率出现明显的降低,断层最大剪切位移速率增高,表现出断层剧烈运动的特征,说明此时该部位产生的断层逆冲作用力导致 F_{25} 断层以猛烈错动为主,诱发构造型逆冲机制矿震。到 710 m 深度,这种主应力发展趋势更为显著。680~710 m 深度,在 F_{25} 正断层附近上盘开采,F_{25} 正断层被改变运动学和动力学性质,产生强制逆冲运动。

6.3.2.1 不同深度开采,岩体的应力场特征

(1)在初始状态下,岩体内的最大主应力服从由上至下逐渐增大的基本规律,如图 6-29 所示。在断层交界和断层褶曲部位,沿断层面方向的剪应力有局部集中现象,如图 6-30 所示。

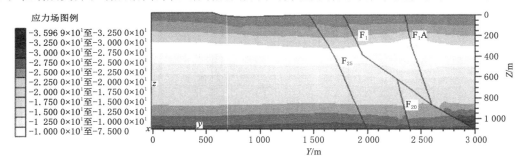

图 6-29 E5200 剖面初始状态最大主应力场分布图

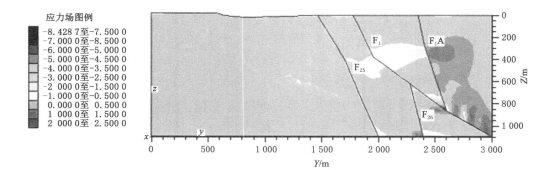

图 6-30 E5200 剖面初始状态最大剪应力场分布图

（2）开采深度至 300 m，采后煤层围岩处于应力降低区；在下部未开采煤岩体中出现局部应力升高区，其影响范围不大，尚未波及断层区域，如图 6-31、图 6-32 所示。这一深度是老虎台井田发生矿震的初始深度。

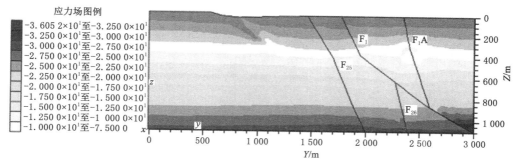

图 6-31　E5200 剖面开采到 300 m 最大主应力场分布图

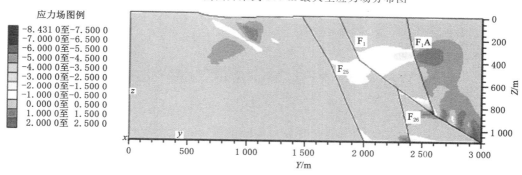

图 6-32　E5200 剖面开采到 300 m 最大剪应力场分布图

（3）在 360～510 m，随着开采深度的增加以及开采位置局部接近断层区，煤层附近的应力集中程度加大，断层带附近的局部应力升高现象逐渐显露，如图 6-33～图 6-36 所示。

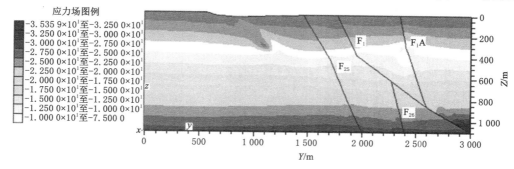

图 6-33　E5200 剖面开采到 360 m 最大主应力场分布图

（4）从 610 m 开始，开采区域也更接近断层。在 F_{25} 断层附近，最大主应力开始增加，如图 6-37 所示。沿断层面孕育的剪应力集中特征发生本质性的变化，由以前的跨断层对称发散分布转变成沿断层非对称集中分布，而且剖面上呈现左旋剪切的逆冲应力，如图 6-38 所示。到 710 m 深度，这种主应力发展趋势更为加剧，如图 6-39、图 6-40 所示。

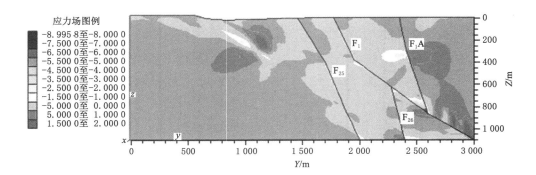

图 6-34　E5200 剖面开采到 360 m 最大剪应力场分布图

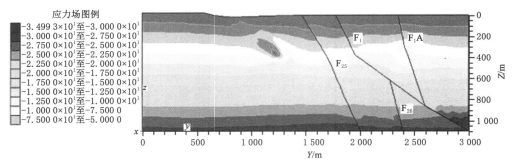

图 6-35　E5200 剖面开采到 510 m 最大主应力场分布图

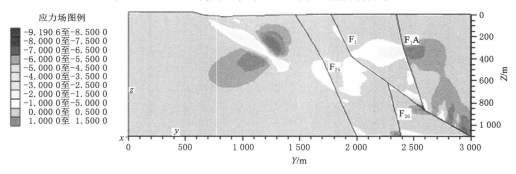

图 6-36　E5200 剖面开采到 510 m 最大剪应力场分布图

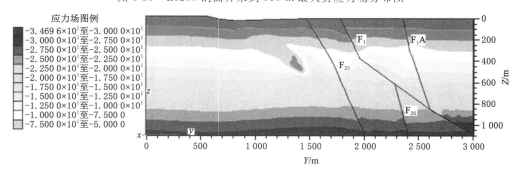

图 6-37　E5200 剖面开采到 610 m 最大主应力场分布图

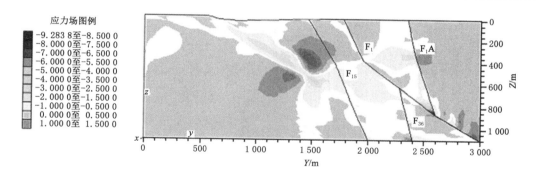

图 6-38　E5200 剖面开采到 610 m 最大剪应力场分布图

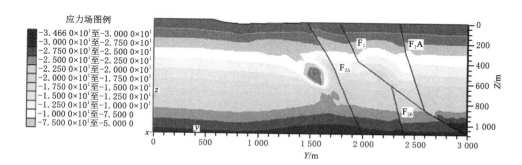

图 6-39　E5200 剖面开采到 710 m 最大主应力场分布图

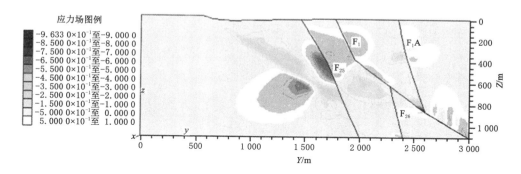

图 6-40　E5200 剖面开采到 710 m 最大剪应力场分布图

（5）到 860 m 深度,主要开采活动是在 F_{25} 断层附近的上盘。在 F_{25} 断层的采空区上盘底板,最大主应力改变为拉张应力,如图 6-41 所示,体现了开采卸荷导致的主应力状态变异,与震源机制解的最小主应力轴由水平改变为垂直相吻合。沿断层面孕育的剪应力强烈集中,呈现左旋剪切的逆冲作用力,如图 6-42 所示。

（6）到 910 m 深度,在 F_{25} 断层的采空区上盘底板,最大主应力改变为拉张应力的范围更加扩大和显著(图 6-43),而剪应力强烈集中的状况有所缓解(图 6-44)。

6.3.2.2　不同深度开采,断层附近岩体的动力学响应

（1）F_{25} 断层在地表露头处的法向和切向移动逐渐增加,当 78001 工作面上分层开采时,该断层出现跳跃式逆向错动,对地表构成震动,如图 6-45 所示。

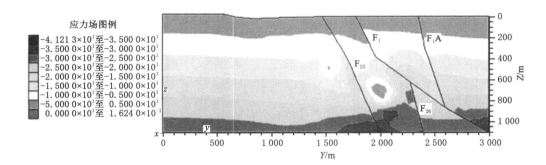

图 6-41　E5200 剖面开采到 860 m 最大主应力场分布图

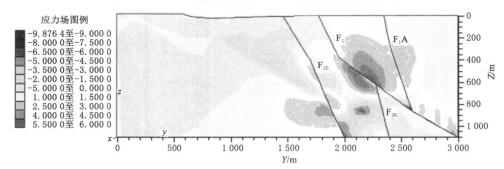

图 6-42　E5200 剖面开采到 860 m 最大剪应力场分布图

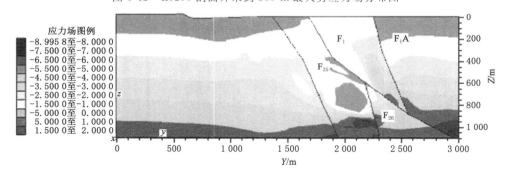

图 6-43　E5200 剖面开采到 910 m 最大主应力场分布图

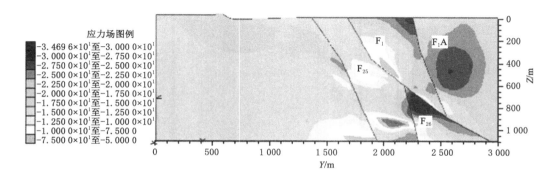

图 6-44　E5200 剖面开采到 910 m 最大剪应力场分布图

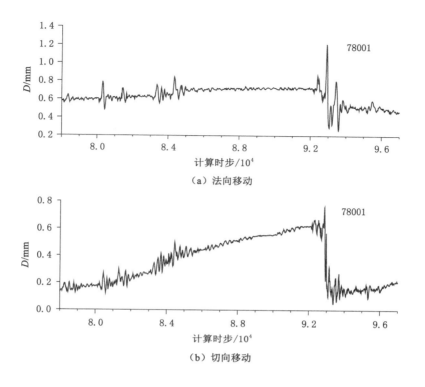

（a）法向移动

（b）切向移动

图 6-45　F_{25} 断层地表露头处移动特征

（2）随着开采深度的增加，F_{25} 断层沿断层面切向方向的动态剪切位移谱影响在时间轴上的幅宽逐渐变宽，法向动态剪切位移谱幅宽逐渐相对变窄，切向运动跳跃频率和幅度增加，法向膨胀运动跳跃频率和幅度相对减小。至 680 m 深度，在断层与煤层交界处，断层最大剪切位移速率达 28.5 mm/步，表现出沿断层面切向方向剧烈运动的特征，如图 6-46～图 6-48 所示。

（3）在 78001 采面开采前，F_{25} 断层附近岩体的剪切应变率和体积应变率变化频繁，波谱幅值较宽，是以煤岩体的瞬间膨胀破裂机制为主，即发生冲击地压或岩爆。而在 78001 采面开采过程中，该断层附近岩体的剪切应变率和体积应变率出现明显的降低，说明此时该部位的岩体破裂是以 F_{25} 断层的错动为主，从而诱发矿震，如图 6-49 所示。

通过断层附近的主应力场和岩体动力学响应数值分析，得出以下两点认识：

第一，600～700 m 深度向下，主要开采活动在 F_{25} 断层附近的上盘。沿断层面孕育的剪应力强烈集中，呈现出左旋剪切的逆冲作用力。尤其是开采到 710 m 深度，F_{25} 断层的上盘最大主应力改变为拉张应力，表现出开采卸荷导致的主应力状态变异，产生了断层逆冲的作用力。

第二，到 680 m 深度的断层与煤层交界处，断层附近岩体的剪切应变率和体积应变率出现明显的降低，断层最大剪切位移速率增高，表现出断层剧烈运动的特征，说明此时该部位产生的断层逆冲作用力导致 F_{25} 断层以猛烈错动为主，诱发构造型逆冲机制矿震。

由此得出，680～710 m 深度，在 F_{25} 正断层附近上盘开采是诱发 F_{25} 正断层产生强制逆冲运动的显著临界深度。

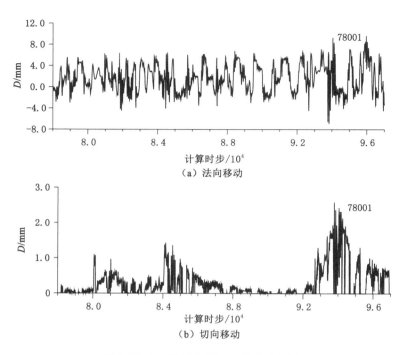

（a）法向移动

（b）切向移动

图 6-46　F_{25} 断层在 280 m 处移动特征

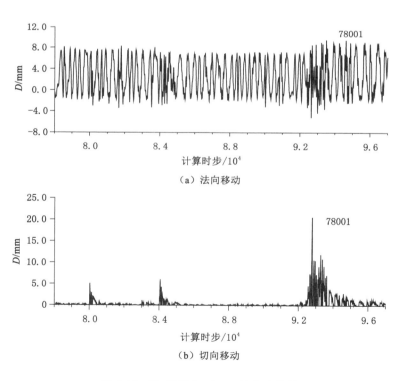

（a）法向移动

（b）切向移动

图 6-47　F_{25} 断层在 480 m 处移动特征

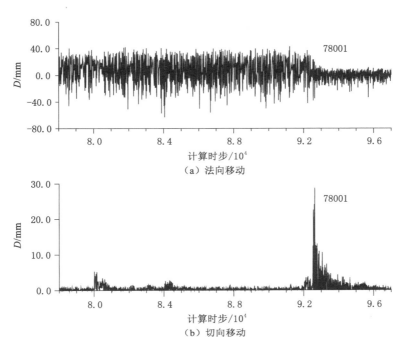

图 6-48　F_{25} 断层在 680 m 深度与煤层交界处的移动特征

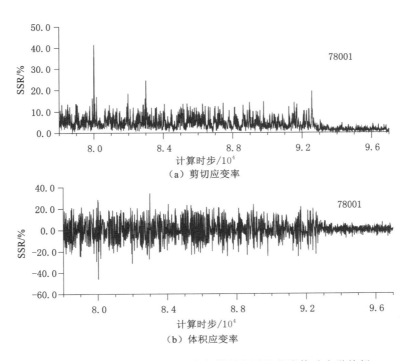

图 6-49　F_{25} 断层在 680 m 深度与煤层交界处的岩体动力学特征

6.3.3　强制逆冲震源机制力学模型

进入深部开采后,尤其是到 -630 m 水平(710 m 深)后,岩石自重应力(σ_v)达 14.5 MPa 左右,水平最大主应力(σ_h)达 29 MPa 左右,原岩地应力强度较高。采掘空间两侧岩壁传递给底板的支撑压力(σ_a)局部集中,地应力强度会更高。

如图 6-50 所示,无论是正断层还是逆断层,当在其上盘开采时,采空区由 C_0 逐渐推进到 C_2,开采卸荷使底板弹性恢复并复合水平应力和支撑压力的泊松效应产生的使底板向上的泊松力(σ_{p_2})与水平向泊松力(σ_{p_1})及水平主应力(σ_h)联合作用,产生沿断层面切向的应力(σ_{sam}),由于采掘空间的约束,断层上盘已"无路可走",只有向上运动一个路径可行。当沿断层面切向的应力(σ_{sam})克服断层的摩擦力(σ_f)后,断层上盘便产生向上的运动——逆冲。

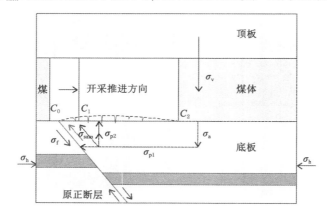

图 6-50　强制逆冲震源机制力学模型图示

这是在开采卸荷后,由于岩体应力状态变异和岩体运动受到约束,支撑压力导致断层运动力学性质发生改变的结果,因其是在特定条件下受附加应力强制作用的结果,所以本书将其称为强制逆冲震源机制。震源机制平面分布Ⅱ区(图 6-18)主应力轴的变异带,就是这种强制逆冲的结果。

6.4　老虎台井田采动应力释放反演的工程应用意义

(1) 老虎台井田强矿震的震源机制最显著的特征是中等应力轴和最小主应力轴发生了换位,由原岩应力场的最小主应力轴平卧变为采动应力场的最小主应力轴垂直。从而也显示出,上部煤层开采对下部岩层具有卸压保护作用。

(2) 矿震震源机制显示出逆冲机制和非双力偶机制占绝对优势,逆冲型断层运动和顶板大面积失稳(可能涉及变形下沉带),是老虎台频发高强度矿震的主要原因。

(3) 提出并论证了在深部高应力区存在一种强制逆冲的矿震震源新机制,若在 F_{25} 正断层附近上盘开采,约 700 m 深度是诱发 F_{25} 正断层产生强制逆冲运动的显著临界深度。

(4) 非双力偶及垂滑震源机制在中央煤柱等大型煤柱附近高度聚类,表明中央煤柱等大型煤柱对于整个井田或采区尺度顶板的支撑以及由此产生的相应尺度支撑压力的分布具有决定性作用。如果开采中央煤柱等大型煤柱,井田或采区尺度的顶板将可能产生大规模破裂失稳,井田或采区尺度应力场可能发生较大的重分布。

（5）非双力偶和垂滑震源机制的矿震几乎全部发生在大型煤柱及其附近开采扰动期间和相应的区域,伴随煤柱失稳和顶板大规模破裂,这是评估此类矿震危险性和危险区的有利判据,也是评价煤柱应力集中程度的定性判据。针对需要保护煤柱和顶板以及需要充分放顶释放和降低集中应力的不同目的,应采取相应的工程措施。

（6）强制逆冲机制一般发生在深度较大的断层上盘开采期间,在此类矿震发生前,底板一般伴随张性破裂,底板隆起。在井下这样的部位布设跨越断层的形变测量,很有可能观测到大规模断层运动的前兆异常信息,起到预警作用。也可以通过调整开采顺序,抑制底板强制逆冲,起到控制矿震能量的作用。

6.5　淮北海孜井田采动应力释放反演

　　淮北海孜煤矿Ⅱ101 和Ⅲ101 采区强矿震频发,并有诱发含瓦斯煤层灾变的危险。本书为认清强矿震频发的成因,据以制定针对性的防治对策,应用震源机制解答方法反演了 9 个强矿震的采动岩体破裂机制,结合现场调查、地应力测量和震源定位数据分析,得出强矿震的发生机制为:① 强矿震岩体破裂应力场具有继承性,受矿区构造应力场的显著控制;② Ⅱ101采空区强矿震的发生及活跃,是由于Ⅲ1012 工作面开采使得采空区悬顶总面积超临界平衡状态;③ 导致顶板向下滑动势增大,沿原有断层滑动活化;④ 造成煤柱区底板采动应力场与原岩应力场叠加过载,克服原有断层的摩擦阻力运动活化或产生新断层。防治对策为:① 控制采空区面积;② Ⅱ101 老空区局部填充;③ Ⅲ101 新采区开采方式由无煤柱开采修改为条带煤柱[90]。

6.5.1　采区概况

　　淮北海孜煤矿地表平坦,平均高程＋27.5 m,地表下松散沉积层厚度约 240 m。其下为一套向北倾斜的角度不整合煤系地层,平均倾角 14°,自上至下赋存有 1～10 层煤,研究区域主采 10 层煤,厚度平均 3 m。顶底板以厚层硬质砂岩为主,偶夹泥岩、砂质泥岩,砂岩（厚度）含量系数大于 80%。Ⅱ101 采区采深 600～750 m,火成岩沿 5 煤层侵入。采区已结束开采,地表沉降量未达到充分采动,形成由不规则煤柱支撑的厚层砂岩和火成岩等硬岩为主的大跨覆岩空区结构,煤柱与空区面积比值为 0.151。采区内经探明的断层构造较发育,规模较大的是海孜井田,也是Ⅱ101 采区南侧边界的大马家断层,如图 6-51 所示。开采期间未曾发生过有感岩体动力现象。

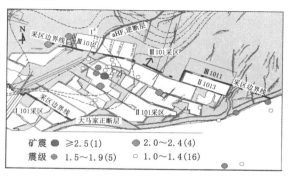

图 6-51　采区概图

Ⅲ101采区为深部接续采区,火成岩沿7煤层侵入,规模较大的断层是横切Ⅲ1012工作面的aHF₁逆断层。首采工作面Ⅲ1012于2014年8月30日开采,11月25日推进到230 m后首次发生超过里氏1.0级($E \geqslant 7.5 \times 10^4$ J)的强矿震,此时两个采区煤柱与空区比值减小为0.143。2015年1月1日当开采工作面推进到355 m时发生本工作面强度最大的里氏2.6级($E = 4.5 \times 10^7$ J)强矿震;此后,强矿震频发,持续到2月11日(450 m处),里氏1.0级以上强矿震共发生19次,如图6-52所示。强矿震绝大多数发生在Ⅱ101采空区内,少量发生在采区边缘及大马家断层附近。发生机理尚不清楚,防治措施无从着手,这对生产安全构成威胁。

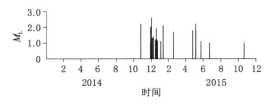

图6-52　强矿震时序分布图

6.5.2　研究方法

本书基于双力偶点源震源模型,应用P波初动符号的格点尝试方法,采用施密特网下半球投影,反演分析海孜煤矿Ⅱ101、Ⅲ101采区的强矿震震源机制。

海孜煤矿装备有工程精度SOS微震监测系统,速度型拾震器,选择可清晰记录到超过里氏0级矿震速度时程曲线和P波初动震相的测站读取P波初动方向,参与反演,见表6-7。

表6-7　参与反演微震测站位置

测站号	高斯坐标/m		
	x	y	z
1	3 726 694.49	39 466 761.32	−684.32
3	3 727 552.95	39 465 543.70	−473.00
4	3 727 134.88	39 464 494.39	−470.73
5	3 727 265.09	39 465 633.04	−694.70
6	3 727 226.44	39 463 296.42	−475.00
7	3 727 989.64	39 467 038.80	−992.00
8	3 728 674.93	39 463 518.64	−449.30
9	3 728 019.95	39 466 178.25	−1 000.46
10	3 727 443.76	39 462 915.51	−576.65
11	3 728 297.53	39 463 343.10	−683.73
11-2	3 727 962.70	39 463 268.11	−694.00
13	3 727 733.79	39 462 024.29	−461.70
15	3 727 967.76	39 462 934.25	−693.83
16-2	3 726 927.17	39 466 991.16	−762.70

SOS 微震系统计算获得的是能量指标,采用中国地震系统的计算式(6-1)将其转换成里氏震级 M_L,便于与众所周知的天然地震强度进行比较。

$$\lg E = 3.18 + 1.695 M_L \qquad (6\text{-}1)$$

式中　　E——能量,J;

　　　　M_L——里氏地方性震级。

本项工作重点反演主应力轴产状及断层力学性质,选取 9 个能量大于 10^6 J 级别(超过里氏 1.7 级)强矿震事件,可清晰辨识 P 波初动方向的微震测站不少于 10 个,解答岩体破裂力学机制。中国矿业大学在Ⅲ101 采区 3 个点的原岩地应力测量结果为本书收集使用,验证震源机制解答的可靠性。结合震源定位结果,对比分析采区应力场特征和强矿震发生的力学机制,提出防治强矿震对策。

6.5.3　海孜井田矿震破裂机制解特征

9 次强矿震的震源机制解答结果见表 6-8。

表 6-8　强矿震震源机制解答结果一览表

序号	日期	高斯坐标/m			震级	P 轴(主压)		T 轴(主拉)		N 轴(中等)		未参与反演测站号	断层解性质
		x	y	z		方位角/(°)	倾角/(°)	方位角/(°)	倾角/(°)	方位角/(°)	倾角/(°)		
1	2014-11-25	3 727 057	39 465 653	−617.57	2.2	345	2	75	22	250	68	11-2、16-2	逆断层
2	2014-12-30	3 727 149	39 465 846	−1 798.68	2.0	182	5	273	7	55	82	11-2、16-2	逆断层
3	2015-01-01	3 726 711	39 466 184	−1 799.29	2.6	311	38	48	10	150	50	11-2、16-2	正断层
4	2015-01-18	3 726 802	39 466 124	−1 718.20	1.9	3	25	269	8	161	63	1、5、11-2、16-2	正断层
5	2015-02-11	3 726 597	39 466 147	−1 954.21	2.1	345	20	255	2	160	70	11-2、16-2	正断层
6	2015-03-19	3 726 313	39 467 412	1 484.92	1.7	354	45	248	16	143	41	1、5、11-2、16-2	正断层
7	2015-05-25	3 726 741	39 466 107	−1 724.48	1.8	332	3	62	6	217	83	11、13	逆断层
8	2015-06-04	3 726 534	39 466 696	−1 294.23	2.2	171	40	67	16	320	45	11、13	正断层
9	2015-06-04	3 725 713	39 467 308	−1 822.41	1.7	357	6	267	6	129	82	11、13	逆断层

(1) 4 个岩体破裂机制为逆断层运动,5 个为正断层运动;1 个发生在顶板(逆断层运动),8 个发生在底板(正断层运动 5 个、逆断层运动 3 个)。

(2) 断层解的滑动方向显示,只有 $6^\#$、$8^\#$ 以倾向滑动为主,其他 7 个均有较显著的走向滑动分量,表明水平应力的作用较显著。

(3) 主应力轴优势方向显著(图 6-53、图 6-54):

① 主压应力轴 P(相当于 σ_1)方位角平均 346.7°(或 166.7°),方向 NNW。应力轴倾角在 2°～45°之间,平均 20.4°,缓倾斜至近水平,表明主压应力以水平应力为主。

② 主拉应力轴 T(相当于 σ_3)方位角平均 73.8°(或 253.8°),方向 NEE。应力轴倾角在 2°～22°之间,平均

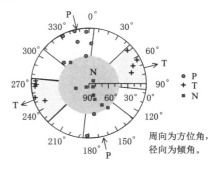

图 6-53　矿震破裂机制
主应力轴极点图

图 6-54 矿震震源机制解主应力轴平面分布图

10.3°,缓倾斜至近水平,表明主拉应力以水平应力为主。

③ 中等应力轴 N(相当于 σ_2)陡立,应力轴倾角在 41°～83°之间,平均倾角 64.9°,急倾斜至近垂直,表明中等应力以垂直应力为主。

④ 主压、主拉应力轴的方位在空间分布上存在高度的一致性。

6.5.4 海孜井田地应力测量与现场调查结果分析

Ⅲ101 采区未开采前,中国矿业大学于 2012 年在图 6-54 所示 3 个点采用钻孔应力解除法测量了原岩地应力。$1^{\#}$、$2^{\#}$、$3^{\#}$ 测点埋深分别为 740 m、917 m、1 029 m。测量结果见表 6-9、图 6-54。

表 6-9 原岩地应力测量结果一览表

测孔	主应力	主应力/MPa	主应力方位角/(°)	主应力倾角/(°)	自重应力/MPa
$1^{\#}$	σ_1	28.28	178.77	−8.01	
	σ_2	19.97	−79.06	−56.25	19.03
	σ_3	16.16	263.62	32.62	
$2^{\#}$	σ_1	33.92	177.41	7.42	
	σ_2	24.21	−76.62	64.66	23.60
	σ_3	19.55	264.07	−24.08	

· 124 ·

表 6-9（续）

测孔	主应力	主应力/MPa	主应力方位角/(°)	主应力倾角/(°)	自重应力/MPa
3#	σ_1	38.04	178.08	3.77	
	σ_2	27.23	−75.33	76.99	27.05
	σ_3	22.24	267.25	12.44	

（1）最大主应力 σ_1 平均方位角 358°（或 178°），平均倾角 9.6°；最小主应力 σ_3 平均方位角 85°（或 265°），平均倾角 23°；中间主应力 σ_2 平均倾角 67°。对比岩体破裂机制反演结果，两者主应力场有很强的一致性，表明强矿震震源机制解答方法求出的主应力场方向可靠性较高。

（2）与自重应力 σ_v 比较，σ_1/σ_v 约 1.41～1.49，平均 1.45；σ_2/σ_v 约 1.01～1.05，平均为 1.03；σ_3/σ_v 约 0.82～0.85，平均 0.83。最大、最小主应力均为水平方向，且最大主应力强度较高，构造应力场的作用显著。σ_2 基本等于岩层自重应力。

（3）原岩地应力测量 σ_1 和 σ_3 与震源机制反演的主压、主拉应力轴方位在空间分布上存在高度的一致性。

（4）现场调查显示，这 9 个强矿震均发生在Ⅲ1012 工作面开采 230 m 之后，其中 5 个发生在Ⅱ101 采空区，2 个发生在Ⅱ101 采空区外缘断层附近，2 个发生在Ⅲ1012 采空区及其外缘，见表 6-10、图 6-54。

表 6-10　矿震现场调查一览表

矿震序号	发生位置	Ⅲ1012 工作面作业与震动显现情况
1	Ⅲ1012 采空区外缘的 −700 m 东大巷	开采到 230 m，现场有震感和声响，无显现，地面有震感
2	Ⅲ1012 采空区	开采 350 m，现场有震感和声响，无显现
3	Ⅱ1019 采空区	开采到 355 m，现场有震感和较大闷响，巷道扬尘，地面有震感
4	Ⅱ1019 采空区，不规则煤柱附近	开采到 392 m，现场有震感和声响，无显现
5	Ⅱ1017 采空区	开采到 443 m，现场有震感和声响，无显现
6	大马家断层	开采到 486 m，现场有震感和声响，无显现
7	Ⅱ1017 采空区	开采到 545 m，现场有震感和声响，无显现
8	大马家断层	开采到 565 m，收作期
9	Ⅱ1019 采空区	开采到 565 m，收作期，现场有震感和声响，无显现

对回采中Ⅲ1012 工作面的影响仅有一次显现，其余的仅有震感和声响。各一次定位在底板里氏 2.6 级矿震和顶板里氏 2.2 级矿震地面有震感，其余里氏 2.2 级以下矿震地表均无震感。说明震源位置在深部，受限于拾震器布设条件，震源在深度方向定位结果存在误差。本书对震源进行精细重定位，低强度矿震大多分布在顶板和开采深度水平，分析符合常规矿压显现规律。结合现场调查，可以分辨出发生在顶板或底板。经调整底板震源深度尝试求解，对震源机制解答结果无质变影响。与地应力测量结果对比分析，震源机制解答结果可以接受。

6.5.5 海孜井田强矿震成因机制分析

（1）强矿震岩体破裂应力场具有继承性。对比强矿震震源机制解答和原岩应力场测试结果，两者主应力场的一致性很强，表明强矿震应力场受矿区应力场的显著控制。

（2）采空区面积超临界、顶板下滑势增强和煤柱区采动应力超载。鉴于此前Ⅱ101采区采动未监测到里氏1.0级以上（$E \geqslant 7.5 \times 10^4$ J）的强矿震，而Ⅲ1012工作面开采推进到230 m后，此级别强矿震频发，且主要发生在采空区底板和断层附近，判断Ⅱ101采区原岩应力场和采空区煤柱矿压叠加的复合应力场强度不具备发生 7.5×10^4 J以上级别能量释放的岩体破裂。由于Ⅲ1012工作面开采导致采空区增大，使得采空区顶板下滑势增大和煤柱区采动应力超载，复合应力场强度超过临界平衡状态，引发顶底板断层活化或岩体失稳位错。这一临界平衡状态的煤柱与空区面积比值为0.14～0.15。

（3）根据微震监测和震源机制反演推断，断层活化可能有以下三种运动方式（图6-55）：① 采区内的两组顶底板贯通断层，顶板沿原有断层面向下滑动可产生逆断层运动方式，底板在煤柱压力的水平分量作用下沿原有断层面向上滑动可产生正断层运动方式。② 煤柱两侧的底板断层，在采动垂直应力 $k\gamma h$ 与其水平分量作用下克服原有断层的摩擦阻力运动，埋深小于煤柱底面一侧（左侧），断层上部产生逆断层运动方式，下部产生正断层运动方式；埋深大于煤柱底面一侧（左侧）的断层，产生逆断层运动方式，释放岩体位错能。③ 产生新的岩体破裂面，以顶板弯曲折断和煤柱区底板剪切滑移为主。

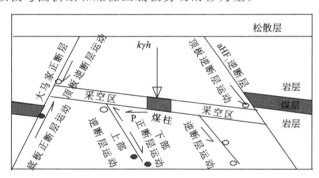

图6-55 采动断层运动机制示意图

6.5.6 海孜井田强矿震防治对策

强矿震频发的主要原因是在顶板厚层砂岩和火成岩特殊的岩层结构条件下，采空区悬顶面积增大，顶板向下的滑动势增大；煤柱区及底板过载，克服原有断层的摩擦阻力运动或产生新的断层。基于对强矿震成因机制的认识，防治对策如下：

（1）在顶板厚层坚硬覆岩条件下，采空区悬顶可形成大跨空区-煤柱结构，减轻或控制此类强矿震发生的主要途径是控制采空区面积过大问题。

（2）防治对策采取在Ⅱ101老空区局部填充，Ⅲ101新采区增加煤柱数量和面积，控制顶板岩层面积，防止煤柱过载。

（3）在Ⅱ1013工作面实施离层区注浆充填，使顶板接底。充填后，到Ⅲ1012工作面开采结束，煤柱与空区面积比为0.158；到Ⅲ1011工作面开采结束，煤柱与空区面积比为0.221。采取措施后，Ⅲ1012工作面继续开采至2015年5月30日结束，Ⅲ1011工作面

2015 年 11 月 1 日正式回采,强矿震活动显著减少。将 Ⅲ 101 采区剩余区段的无煤柱开采改为条带隔离煤柱开采,在两个区段间留设一个工作面宽度的隔离煤柱,防止 Ⅲ 101 采区发生强矿震。

　　(4)在采矿致使高强度矿震的矿井,装备工程精度微震监测系统可以低成本、高效率、便捷地获取矿震 P 波初动方向数据,开展采动应力跟踪反演分析工作,认识强矿震的成因机制,动态调整开采部署,有效控制强矿震灾害。

第7章 冲击-突出双危工作面含瓦斯煤层 灾变危险性判定方法与指标

实践表明,冲击地压作用下含瓦斯煤层灾变的危险性判定或预测方法和指标,冲击地压、煤与瓦斯突出或两种方法简单叠加的预测方法和指标均不能敏感显示危险性,因此常发生所谓的低指标突出。本书拟从冲击地压作用下含瓦斯煤层灾变机理入手,研发新的危险性多指标综合预测方法和敏感指标。

7.1 冲击-突出耦合型煤与瓦斯动力灾害区域危险性预测技术原理

冲击-突出耦合型煤与瓦斯动力灾害区域危险性预测基本流程如图 7-1 所示。

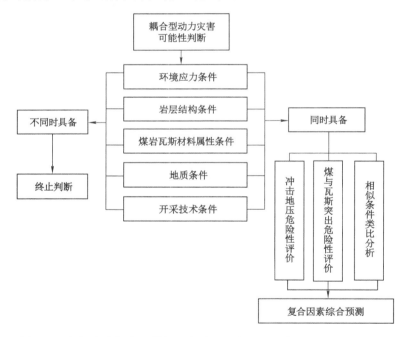

图 7-1 冲击-突出耦合型煤与瓦斯动力灾害区域危险性预测基本流程图

(1)首先进行发生冲击-突出耦合型煤与瓦斯动力灾害的可能性判断。根据环境应力条件、岩层结构条件、煤岩瓦斯材料属性条件、地质条件、开采技术条件等指标,判断是否存在发生冲击-突出耦合型煤与瓦斯动力灾害的可能性。

(2)如果不具备冲击-突出耦合型煤与瓦斯动力灾害的可能性,则终止判断。

（3）如果存在发生冲击-突出耦合型煤与瓦斯动力灾害的可能性，继续进行下道工序判断：

① 应用综合指数宏观评价和多因素局部评价方法，综合评价冲击地压区域的危险性。

② 应用冲击地压条件下可发生煤与瓦斯突出的单项指标评价有冲击危险煤层的煤与瓦斯突出区域的危险性。

③ 根据发生过冲击-突出耦合型灾害的工作面，对需要研究的工作面进行相似条件类比分析和评价。

④ 根据冲击地压、煤与瓦斯突出危险性评价和相似条件类比分析，应用叠加法进行冲击-突出复合因素综合分析，预测冲击-突出耦合型煤与瓦斯动力灾害区域的危险性。

7.2　冲击-突出耦合型煤与瓦斯动力灾害局部危险性预测技术原理

《防治煤与瓦斯突出实施细则》（以下简称《细则》）建议用钻孔瓦斯涌出初速度 $q \geq 5.0$ L/min、钻屑量$S \geq 6$ kg/m、$\Delta h_2 \geq 200$ Pa 作为突出煤层采掘危险性预测敏感指标和危险临界值。根据本书研究和煤矿工程实践，预测冲击地压诱导型煤与瓦斯突出，危险临界值需要根据矿井和工作面实际情况进行测定分析后确定。

煤粉钻屑量 S 值临界值、钻孔瓦斯涌出初速度 q 值临界值和钻屑解吸指标 Δh_2 三项指标为主要判据，瓦斯浓度、现场宏观现象和底板组合条件为辅助判据的多元信息系统，作为冲击地压诱导型煤与瓦斯动力灾害局部危险性预测和防治效果检验的指标体系和检测方法。

义煤新义矿冲击地压诱导型煤与瓦斯动力灾害局部危险性多元信息预测（效果检验、区域验证）敏感指标及危险临界值见表 7-1。

表 7-1　义煤新义矿冲击地压诱导型煤与瓦斯动力灾害局部危险性
多元信息预测（效果检验、区域验证）敏感指标及危险临界值

预测方法	预测敏感指标	判断条件	《细则》参考临界值	危险类型及建议危险临界值			
				威胁警示	突出危险	冲击危险	诱突危险
钻孔检测值	钻孔瓦斯涌出初速度 q/(L/min)	超临界值	5	🗒3.2	●3.5		
钻屑指标法	钻屑瓦斯解吸指标 Δh_2/Pa	超临界值	≥ 200	🗒150	●160		
钻屑指标法	钻屑量 S/(kg/m)	超临界值	≥ 6	🗒□3.2	●3.5	■3.5	
钻孔钻屑检测	q 和 Δh_2 之一与 S 同时	超临界值	同上相应指标				🗒
现场宏观现象观察	片帮、煤层紊乱、瓦斯异常	开始出现（或局部）	宏观指标	🗒			
		显著（或大范围）	宏观指标		●		
	煤炮、支柱压响	开始出现（或局部）	宏观指标	🗒□			
		显著（或大范围）	宏观指标			●■	
	同时出现	开始出现	宏观指标	🗒			
		显著	宏观指标				🗒

表 7-1(续)

预测方法	预测敏感指标	判断条件	《细则》参考临界值	危险类型及建议危险临界值			
				威胁警示	突出危险	冲击危险	诱突危险
孔内动力现象观察	喷孔	开始出现(或局部)	宏观指标	目			
	喷孔	显著(或大范围)	宏观指标		●		
	夹钻、顶钻、卡钻、冲击震动	开始出现(或局部)	宏观指标	□			
	夹钻、顶钻、卡钻、冲击震动	显著(或大范围)	宏观指标			■	
	喷孔、夹钻、顶钻、卡钻、冲击震动	开始出现(或局部)	宏观指标	□			
	喷孔、夹钻、顶钻、卡钻、冲击震动	显著(或大范围)	宏观指标				目
电磁辐射检测	强度和(或)脉冲	开始(或局部)超临界值	现场测定	目□			
	强度和(或)脉冲	长时间(或大范围)超临界值	现场测定		●	■	
气流瓦斯浓度监测	持续低于背景值 持续高于背景值 高于背景值躁动	持续 2 h 以上	现场测定	□□			
		持续 5 h 以上	现场测定				目

图例:目突出威胁;●突出危险;□矿压威胁;■矿压危险;□诱导突出威胁;目诱导突出危险。

平煤十矿冲击地压诱导型煤与瓦斯动力灾害局部危险性多元信息预测(效果检验、区域验证)敏感指标及危险临界值见表 7-2。

表 7-2　平煤十矿冲击地压诱导型煤与瓦斯动力灾害局部危险性
多元信息预测(效果检验、区域验证)敏感指标及危险临界值

预测敏感指标	分类指标	危险临界值	危险类型及建议危险临界值			
			威胁警示	突出	冲击	诱突
钻孔瓦斯涌出初速度 q /(L/min)	钻孔检测值	3.2		●		
	q_{max} 等值云图	3.2		判断危险区位置和范围		
钻屑量 S /(kg/m)	钻孔检测值	4.8	□ 4.2		■	
	S_{max} 等值云图	4.8			判断危险区位置、范围和来压周期	
q 和 S 同时	钻孔检测值	$q3.2+S4.8$	$q3.2+S4.2$ □		目	
	q_{max} 和 S_{max} 等值云图	$q3.2+S4.8$				判断危险区位置和范围

表 7-2(续)

预测敏感指标	分类指标	危险临界值	危险类型及建议危险临界值			
			威胁警示	突出	冲击	诱突
现场宏观异常	无声异常	片帮、煤层紊乱、瓦斯异常	开始出现□□	显著●		
	有声异常	煤炮、支柱压响			显著■	
	有声与无声	同时出现				显著日
气流瓦斯浓度	持续低于背景值 持续高于背景值 高于背景值躁动		持续2 h以上□□			持续5 h以上日

图例:日突出威胁;●突出危险;□矿压威胁;■矿压危险;□□诱导突出威胁;日诱导突出危险。

7.3　应力诱导型煤与瓦斯突出预警的重要信号

在多个矿井观测到应力诱导型煤与瓦斯突出前有确切的气流瓦斯浓度异常预警信号,这种信号(表 7-1、表 7-2 最后一项指标)一旦出现,如果不采取防治措施仍继续采掘施工,几乎百分之百发生冲击地压诱导型煤与瓦斯突出。

义煤新义矿发生的两次煤与瓦斯突出前,都观测到了这种预警信号。例如 12011 工作面,2009 年 7 月 11 日胶带运输巷发生的煤与瓦斯突,气流瓦斯浓度之前出现了 30 天的持续低值异常预警期,如图 7-2 所示。

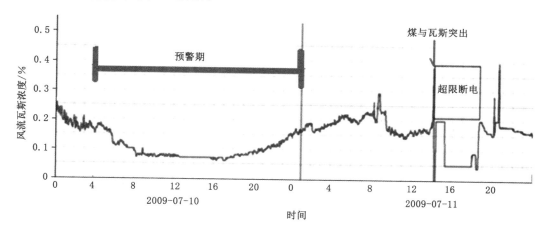

图 7-2　12011 工作面 2009 年 7 月 11 日胶带运输巷突出预警信号

2019 年 5 月 22 日 11090 工作面胶带运输巷发生的煤与瓦斯突出,气流瓦斯浓度之前出现 15 天的高值躁动异常预警,如图 7-3 所示。

注意:如果在掘进工作面 T_1 瓦斯探头、开采工作面 T_0 和 T_1 瓦斯探头监测到气流瓦斯浓度异常预警,应立即停产,采取防突措施,消除异常后方可继续生产。

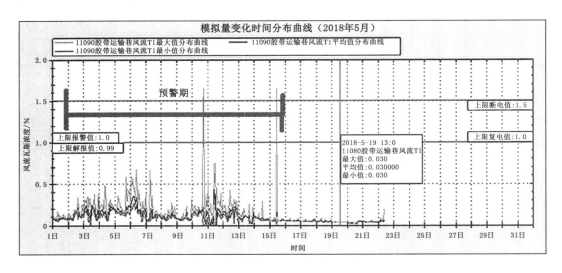

图 7-3　2019 年 5 月 22 日 11090 工作面胶带运输巷突出预警信号

第 8 章　冲击-突出双危工作面含瓦斯煤层灾变一体化控制的技术原理

本书基于对突出煤层发生冲击地压的力学机制、冲击-突出双危工作面含瓦斯煤层灾变的力学机制以及冲击-突出双危工作面含瓦斯煤层灾变的危险性判定技术原理的认识,尽量应用煤矿现有的装备,通过破坏冲击地压发生和含瓦斯煤岩灾变的条件,进行逆向操作,阐述冲击地压和煤与瓦斯突出的一体化综合防治技术原理和一般原则。

8.1　冲击-突出一体化防治的能量理论

传统上,将冲击地压和煤与瓦斯突出作为两种不同的灾种分别治理。但由于这两种灾害发生和破坏的特征以及危险性预测和防治的方法有许多相同或相似之处,特别是进入深部开采后,灾害初始发动岩体破裂失稳阶段,冲击地压和煤与瓦斯突出两者的界限越发模糊,两者的相互作用越发显著,因此,在提高灾害治理的有效性和降低灾害防治成本目的的驱使下,基于对冲击地压和煤与瓦斯突出发生的能量理论的认识,本书探索冲击-突出一体化防治的工程科学问题。

8.1.1　两者相似的灾害发生能量理论假说

冲击地压和煤与瓦斯突出是不同种类的工程灾害,从目前关于它们发生机理假说的众多即可反映出它们的发生机理比较复杂,不是单一因素的结果。但是,在众多冲击地压和煤与瓦斯突出发生机理的假说中有一点共性,就是两者都有几乎相同的能量理论假说。

20 世纪 60 年代中期,南非的库克和苏联的阿维尔申几乎同时提出了冲击地压的能量理论。他们都认为,冲击地压的发生是由于煤岩体破坏而导致矿体与围岩组织的变形,其力学系统平衡被破坏时释放的能量大于所消耗的能量,剩余的能量转化为使煤岩抛出、围岩震动的动能。

在同一时期,苏联的霍多特提出了煤与瓦斯突出的能量理论假说。他认为,煤与瓦斯突出是由煤的变形潜能和瓦斯内能引起的,是在煤层应力状态发生突然变化时,潜能释放引起煤体高速破坏。煤层埋深、瓦斯压力、瓦斯含量、煤的强度等是突出激发和发展的主要因素,采矿外部因素也有一定的作用。能量观点在试验的基础上,利用弹性力学方法全面系统地阐述了煤与瓦斯突出发生的原因、准备和发展过程,并利用数学方法分析了煤层变形的潜能、围岩的动能、瓦斯内能、突出需要的动能,提出地压是发动突出、发展突出的决定因素,瓦斯提供了抛出煤体、粉碎煤体的能量,煤体结构松软是有利条件。

从冲击地压和煤与瓦斯突出的能量理论显见二者是相似的,只是煤与瓦斯突出有瓦斯介质和瓦斯应力的作用。

8.1.2 两者相似的灾害能量积累和释放因果关系

尽管冲击地压和煤与瓦斯突出发生机理的假说各自都有很多,尽管对于过程演变的观点颇有不同,但是每个假说都赞同或不排斥冲击地压和煤与瓦斯突出的原因是能量积累、发生的结果是能量释放的观点。

冲击地压是岩体弹性能或应变能积累和释放的结果,煤与瓦斯突出包含了瓦斯内能的作用。即便是瓦斯主导作用假说,也并不排斥地应力的作用,只是孰轻孰重的问题。

因此,本书从发生冲击地压和煤与瓦斯突出共同的能量积累和释放因果关系中寻求统一防治的理论基础和技术措施。

8.1.3 两者相似的能量积累和释放的材料与应力相互作用机制

能量的积累和释放,其本质问题是材料和应力由量变到质变的相互作用过程。冲击地压和煤与瓦斯突出发生灾害的载体都是相同的材料介质——煤岩与瓦斯共生,而冲击地压和煤与瓦斯突出又都是煤岩与瓦斯材料与地应力和瓦斯应力相互作用的结果,只不过在灾害的孕育和发生中,其中的各因素孰轻孰重有所差别。

根据对冲击地压和煤与瓦斯突出孕育发生的内能、形成灾害的因果关系和材料与应力相互作用的本质分析,两者可以统一于能量理论假说下,从而逆向操作,实施统一的防治措施。

8.2 基于能量理论的冲击-突出一体化防治技术途径

按照能量理论,发生复合型煤岩瓦斯动力灾害时,系统积累和释放的能量由以下四部分组成,即煤体的弹性应变能 E_C、围岩的弹性应变能 E_R、瓦斯的膨胀能 E_G、外部冲击震动的输入动能 E_W。

能量消耗或吸收在五个方面:破碎煤体材料的能耗 W_F、搬运破碎煤体的能耗 W_M、动力现象发生地点附近围岩吸收的能耗 W_R、引起附近区域震动的能耗 W_V、形成空气冲击波的能耗 W_A。

综上,其能量平衡方程为:

$$E_C + E_R + E_G + E_W = W_F + W_M + W_R + W_V + W_A \qquad (8-1)$$

式(8-1)左侧对应的是累积或释放的能量,设为泛函数 $F_{(E)}$;右侧对应的是消耗或吸收的能量,后三项是基本固定和有限的能耗,通常不大于总能量的 10%。

$$W_R + W_V + W_A = \alpha F_{(E)}$$

式中 α——破碎和搬运煤体的有效能系数。

据此推导出:

$$(1-\alpha)F_{(E)} - W_F > 0 \qquad (8-2)$$

此时搬运破碎煤体的能耗 W_M 将大于 0,即系统积累和外部输入的能量总和大于破碎煤体及在此过程中相关损耗的能量后才可有剩余能量抛出和搬运煤体。这就是发生复合型煤岩瓦斯动力灾害的能量准则,也是发生复合型煤岩瓦斯动力灾害的充分条件。

冲击-突出复合型煤与瓦斯动力灾害防治的科学思路为:基于复合型煤岩瓦斯动力灾害的能量理论,通过消减瓦斯内能、煤岩弹性能,降低系统累积的能量,从根本上消减复合型煤岩瓦斯动力灾害的发动能力;通过加大围岩松动圈范围,将外部输入的能量消耗于围岩松动圈内,降低外部能量输入煤与瓦斯系统诱导的复合型煤岩瓦斯动力灾害程度。

8.3　冲击-突出复合型动力灾害一体化控制技术措施

按照"区域先行、局部补充"的原则,本书以"区域防治为主导、局部防治为必要补充",实行综合一体化防治措施,统一防治冲击地压、煤与瓦斯突出及两者复合型灾害。

8.3.1　优化生产布局,避免采动应力集中

生产布局的总体原则是在采区和工作面布置及接替设计时,避免采动应力集中以及相邻工作面之间的影响。

(1)避免产生孤岛工作面(煤柱),其示意如图 8-1 所示。

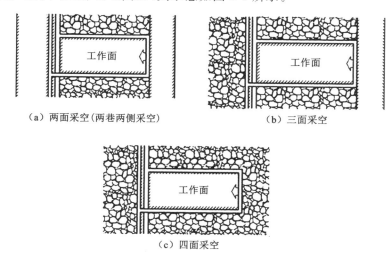

　　(a)两面采空(两巷两侧采空)　　　　　　(b)三面采空

(c)四面采空

图 8-1　孤岛工作面(煤柱)示意图

(2)采掘工作面位置和间距原则:在应力集中区内不布置 2 个及以上工作面同时采掘作业。非应力集中区 2 个掘进工作面之间的距离应大于 150 m。掘进工作面距离要求如图 8-2 所示。

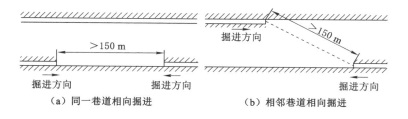

　　(a)同一巷道相向掘进　　　　　　　　(b)相邻巷道相向掘进

图 8-2　掘进工作面距离要求示意图

(3)采煤工作面与掘进工作面间的距离要求:采煤工作面与掘进工作面之间的距离应大于 350 m,其示意图如图 8-3 所示。

(4)2 个采煤工作面之间的距离应大于 500 m,其示意图如图 8-4 所示。

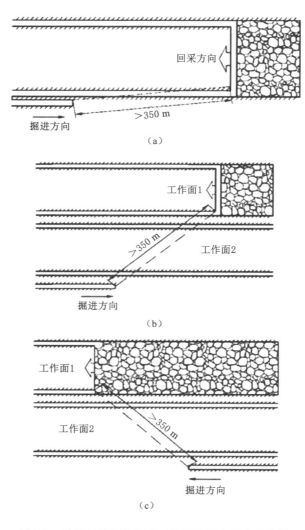

图 8-3 采煤工作面和掘进工作面的距离要求示意图

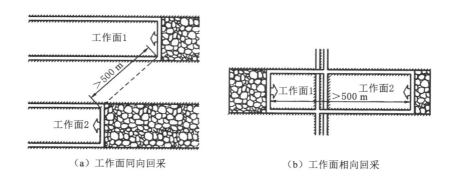

图 8-4 采煤工作面距离要求示意图

（5）2 个相邻采煤工作面之间的位置关系：第二个采煤工作面的开切眼和停采线位置，不应超越第一个采煤工作面，以内错布置为宜。2 个相邻工作面的位置关系要求如图 8-5 所示。

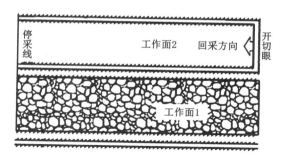

图 8-5　2 个相邻工作面的位置关系要求示意图

（6）相邻矿井、相邻采区之间也应遵从上述规则。

（7）开拓巷道不应布置在严重冲击地压煤层中，永久硐室不应布置在冲击地压煤层中。冲击地压煤层巷道与硐室布置不应留底煤；如果留有底煤，必须采取底板预卸压等专项治理措施。

8.3.2　开采保护层区域卸压增透

国内外采矿实践表明，开采保护层是大面积解除煤层应力、释放弹性能、增加煤层透气性、卸压瓦斯的最有效途径，还可起到同时消减瓦斯内能和煤岩弹性能的作用。

以抚顺老虎台矿为例，该井田的特厚煤层是分水平、分阶段开采的，具备开采上保护层的条件。根据防治煤岩瓦斯复合型灾害角度需要，−630 m 及以下深部采区需要受到保护，而单纯考虑防治冲击地压，−430 m 及以下水平仍需受到保护。

开采保护层（首分层）后，时间序列上的卸压作用最先出现，卸压范围在煤壁前方塑性变形带就已开始，甚至可达保护层工作面前方 10～20 m 处。但在工作面后方，膨胀变形塑性区产生竖向裂纹，瓦斯显著卸压解吸，动力参数发生显著变化。被保护层膨胀变形塑性区的范围，是设计保护层开采参数和预估被保护层保护效果的重要参数。

开采特厚煤层首分层时，首分层底板由煤层构成。根据弹塑性理论，回采时在采面煤壁两侧留下一定范围的底煤，当作用其上的支承压力达到或超过底煤弹-塑性变形临界值时，底煤将发生塑性变形，出现塑性区和竖向裂纹。当支承压力达到导致部分底煤完全破坏的最大载荷时，支承压力作用区域周围的底煤塑性区将连通，造成采空区内煤层底板隆起。处于塑性变形的煤层底板向采空区内发生移动变形，并形成一个连续的滑移线场，与未进入塑性破坏的底煤之间呈现滑移面。滑移界面内的岩体遭到严重破坏，煤体弹性能得到释放，同时瓦斯解吸并向采空区释放，从而被保护层（底煤）得到有效卸压消能保护。

如图 8-6 所示，底煤滑移线场及塑性区的边界主要由三个区构成：主动极限区 $aa'b$（Ⅰ区）、过渡区 abc（Ⅱ区）及被动极限区 acd（Ⅲ区）。主动极限区和被动极限区滑移线由两组直线组成。

过渡区的滑移线，一组由对数螺旋线组成［式（8-3）和图 8-7］，另一组为自 a 为起点的放射线。

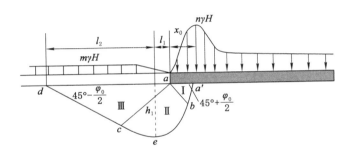

图 8-6　极限状态下底板中塑性破坏区范围

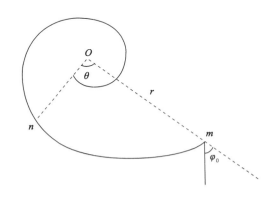

图 8-7　对数螺旋线图

$$r = r_0 e^{\theta \tan \varphi_0} \tag{8-3}$$

在图 8-6 中，塑性区的形成及发展可解释被保护底煤变形破坏的过程和实际生产中煤层底板岩体产生底鼓的原因。煤层开采后，在采空区四周的底板煤岩中产生支承压力。当支承压力作用区域（图 8-6 中的 Ⅰ 区）的煤岩所承受的应力超过其极限强度时，煤岩体将发生塑性变形。这部分煤岩在垂直方向受压缩，必然会在水平方向上产生泊松效应膨胀。膨胀煤岩挤压过渡区（图 8-6 中的 Ⅱ 区）的煤岩，同时将力传递到该区。过渡区的煤岩继续挤压被动区（图 8-6 中的 Ⅲ 区），由于被动区有采空区临空面，其上作用垮落岩体的应力远低于原始应力，从而过渡区和被动区的煤岩在主动区传递应力作用下向采空区内膨胀，产生采空区底板煤岩的塑性变形、竖向裂缝和膨胀底鼓，改变了瓦斯动力参数和煤体弹性能。

假设围（煤）岩屈服破坏服从 Mohr-Coulomb 准则，破坏深度 h 的表达式为：

$$h = r_0 e^{\theta \tan \varphi_0} \cos\left(\theta + \frac{\varphi_0}{2} - \frac{\pi}{4}\right) \tag{8-4}$$

由 $\dfrac{\mathrm{d}h}{\mathrm{d}\theta}$ 可求出底板塑性破坏区的最大深度 h_1 为：

$$h_1 = \frac{x_0 \cos \varphi_0}{2\cos\left(\dfrac{\pi}{4} + \dfrac{\varphi_0}{2}\right)} e^{\left(\frac{\pi}{4} + \frac{\varphi_0}{2}\right)\tan \varphi_0} \tag{8-5}$$

底板岩体最大塑性破坏深度距采面端部的水平距离 l_1 为：

$$l_1 = h_1 \tan \varphi_0 \tag{8-6}$$

采面煤壁煤层塑性区宽度采用与开采深度 D 相关的统计公式：

$$x_0 = 0.015D \tag{8-7}$$

取煤样内摩擦角试验结果 φ_0 为35°，在 $-430 \sim -830$ m 水平区间开采首分层时，根据式(8-5)～式(8-7)计算，得到开采首分层对底煤的保护作用参数，见表 8-1。

表 8-1　开采首分层对底煤的保护作用参数

开采水平 /m	首分层 底板埋深/m	首分层采面 煤壁塑性区 宽度 x_0/m	下分层全煤底板塑性 破坏最大深度 h_1/m	下分层全煤底板最大 破坏深度部位距煤壁的 水平距离 l_1/m
-430	485	7.23	13.87	9.71
-480	535	8.03	15.30	10.72
-550	605	9.08	17.31	12.12
-630	685	10.28	19.59	13.72
-680	735	11.03	21.02	14.72
-730	785	11.78	22.45	15.72
-780	835	12.53	23.89	16.72
-830	885	13.28	25.32	17.73

由表 8-1 可知，随着开采保护层的开采深度增大，被保护层塑性破坏区深度和范围增大，被保护效果将得到提高。在 -630 m 水平以下，下分层(底煤)的最大塑性破坏深度可达20 m 以上，基本可保证一个工作面分层厚度范围的煤层全部得到有效保护。

开采首分层保护下分层的力学机理如图 8-8 所示。由图中可知，大面积解除煤层压力，消减煤体弹性能，增加煤层透气性，消减煤层瓦斯内能，并且在一定时间内煤体不再能够重新聚集瓦斯内能和弹性能，这是一项治本措施。

8.3.3　水力压裂煤层增透卸压

不具备开采保护层条件的矿井和工作面，可以应用水力压裂、水力冲孔等技术进行煤层增透卸压预处理。这样可有效增加低透气煤层的透气性系数，提高瓦斯抽采率和抽采衰减周期，破坏煤体完整性，降低冲击和突出风险，并能起到润湿煤体、降尘降温、防止煤层自然发火等作用。本节重点介绍义煤集团新安煤田 4 个煤与瓦斯突出矿井工作面水平井顺层水力压裂的科研和工程实践成果。

8.3.3.1　压裂孔参数

（1）压裂孔孔径

压裂孔孔径设计时，应综合考虑完孔施工能力、封孔施工质量和压裂效果。根据现场压裂施工检验，硬煤和岩层压裂孔径宜选择为 $\phi 75 \sim 89$ mm，软煤压裂孔径宜选择为 $\phi 89 \sim 94$ mm或更大孔径。

（2）压裂孔孔距

本煤层顺层压裂孔和高、低位巷穿层压裂孔沿压裂孔法向的孔距，根据各种压力和煤层条件的压裂影响半径 r 而定。为确保压裂效果，相邻两孔的压裂影响范围应有不小于压裂

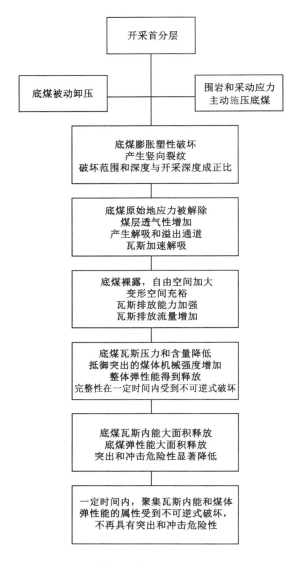

图 8-8　开采首分层保护下分层力学机理框图

影响半径 10% 的交集（图 8-9）。据此，压裂孔孔距 x 为：

$$x = (2 \times 0.9 + 0.1) \times r = 1.9r \tag{8-8}$$

（3）压裂孔长度

压裂孔长度是指注入水压段的钻孔长度。压裂孔孔长设计应综合考虑完孔施工能力、目标压裂层产状、工作面长度、注水压力、封孔段长度和压裂效果。

对于本煤层顺层压裂孔，根据现场压裂施工检验，在确保工作面两侧巷道煤壁安全屏障条件下，压裂孔孔长宜选择 20～40 m；对于掘进头顺层压裂孔，可只考虑掘进头煤壁封孔段安全屏障和完孔施工能力，压裂孔可适当加长 10～20 m；对于穿层倾斜压裂孔，压裂孔孔长按照控制全煤层视厚度设计。

（4）压裂孔角度

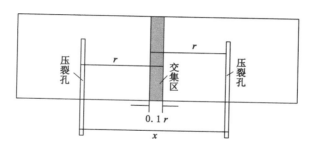

图 8-9　压裂孔孔距示意图

对于本煤层顺层压裂孔和掘进头顺层压裂孔,钻孔开口一般布置在便于施工的位置,通常可设在底板便于施工的位置。如压裂目标层为煤层,终孔设在煤层中部靠下位置;如压裂目标层考虑顶板或底板,则按照地层产状仰斜或俯斜作业,进入相应顶底板岩层不小于 5 m。

8.3.3.2　压裂注水参数

注水压力、流量、时长和流速是注水压裂的主要参数,应根据压裂目的、注水能力、煤岩层物理力学性质、压裂影响半径、安全屏障距离等因素综合确定。

由于煤岩多割理和易碎性,特别是构造煤导致煤岩压裂过程中产生碎煤,一方面阻塞裂缝前端阻碍裂缝扩展,与硬岩相比裂缝长度变小、宽度变大;另一方面,碎煤中的大颗粒部分经过水力分选,沉积在压裂缝中,也可以在压裂结束后起到导流作用,增大煤层透气性。因此,就煤层而言,压裂施工的水压并非越大越好,应控制在合理的范围内。

对新安煤田 $670 \sim 700$ m 深度条件下 25 个成功压裂的现场试验结果进行分析,发现存在注水压力和注水流速间的最优关系[式(8-9)和图 8-10]。

$$V_f = 41.45(\pm 3.8) - 0.746p \quad (R^2 = -0.9) \tag{8-9}$$

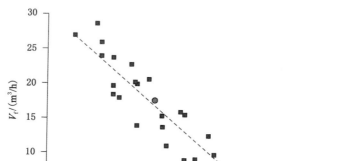

图 8-10　新安煤田 $670 \sim 700$ m 深度条件水压致裂流速-压力最优关系图

式(8-9)和图 8-10 表明,如果用时间长度作为压裂施工控制指标,较小的压力则需要较大的流速,反之亦然。

现场试验结果凡是符合关系式(8-9)的,基本都获得了成功;而偏离这一关系较远的压裂试验,基本都没有成功。因此,本书将式(8-9)定义为新安煤田 700 m 深度水压致裂参数的最优关系式。其中,平均压力为 32.6 MPa,对应的平均流速为 17.2 m³/h,平均压裂时长为 120 min,此参数可作为新安煤田 700 m 深度水压致裂延伸压力的最优参数。

8.3.3.3 顺层压裂孔封孔长度与安全屏障距离

为保障水压致裂施工安全和压裂成功,须做到压裂孔不漏水,煤岩壁或采场不失稳。

煤层顺层压裂孔的封孔总长度和压裂孔轴向安全屏障距离应遵循以下原则:

(1) 有足够宽度的煤(岩)墙作为保护带。巷道两侧和掘进头的增压区同时起到应力墙作用,增大对煤体的夹持力,提高煤壁对水平应力的抵抗能力,保护煤壁的稳定性。

(2) 确保压裂缝塑性扩展阶段,压裂缝前端的水平应力增强区不对保护煤岩墙产生显著作用。

(3) 水压裂缝不致扩展到保护煤岩墙。

按照上节的力学机理分析,煤层顺层压裂孔的封孔总长度 L_0 可表达为:

$$L_0 = L_1 + L_2 + L_3 \tag{8-10}$$

即:封孔长度＝应力墙保护带宽度＋水平应力增压带宽度＋压裂缝长度。

式(8-10)的应力墙保护带宽度通过流固耦合数值计算获得。对于未经松帮卸压的巷道(高度 4 m、宽度 6 m),水压致裂注水后不致应力墙保护带垂直应力减弱而失去保护效果的最小宽度见表 8-2。保护带最小宽度是巷道高度的 3.88～4.38 倍。如巷道高度小于等于试验的条件,可参照本表的保护带宽度使用;如巷道高度大于试验的条件,则参照表 8-2 的巷高倍数计算。

表 8-2　新安煤田未经卸压巷帮煤层的最小应力墙保护带宽度

深度/m	原岩垂直应力/MPa	未经卸压巷帮煤层的最小应力墙保护带宽度/m	巷高倍数/倍	里端采动应力集中系数 k_w
500	13.05	15.5	3.88	1.05
600	15.65	16.5	4.13	1.05
700	18.25	17.5	4.38	1.05

式(8-10)的水平应力增压带宽度,通过流固耦合数值计算获得;压裂缝长度,通过流固耦合数值和部分现场压裂试验获得。新安煤田各采深水压致裂最小封孔长度的计算结果见表 8-3～表 8-5。

表 8-3　新安煤田 500 m 采深水压致裂最小封孔长度

水压/MPa	应力墙保护带宽度/m	水平应力增压带宽度/m	保护屏障宽度/m	压裂缝长/m	封孔长度/m
5	15.5	0	15.5	0	15.5
10	15.5	0	15.5	0	15.5
15	15.5	0	15.5	1.7	17.2
20	15.5	2.8	18.3	6.3	24.6
25	15.5	2.5	18	11.1	29.1

表 8-3（续）

水压/MPa	应力墙 保护带宽度/m	水平应力 增压带宽度/m	保护屏障 宽度/m	压裂缝长/m	封孔长度/m
30	15.5	1.3	16.8	16.5	33.3
35	15.5	1.0	16.5	22.5	39.0
40	15.5	1.0	16.5	28.4	44.9
45	15.5	1.0	16.5	35.2	51.7
50	15.5	2.4	17.9	42.5	60.4
55	15.5	1.0	16.5	47.2	63.7
60	15.5	1.5	17	47.2	64.2

表 8-4　新安煤田 600 m 采深水压致裂最小封孔长度

水压/MPa	应力墙 保护带宽度/m	水平应力 增压带宽度/m	保护屏障 宽度/m	压裂缝长/m	封孔长度/m
5	16.5	0	16.5	0	16.5
10	16.5	0	16.5	0	16.5
15	16.5	0	16.5	1.7	18.2
20	16.5	0	16.5	3.68	20.18
25	16.5	1.0	17.5	9.03	26.53
30	16.5	1.0	17.5	14.4	31.9
35	16.5	1.0	17.5	20.4	37.9
40	16.5	1.0	17.5	25.8	43.3
45	16.5	1.0	17.5	30.4	47.9
50	16.5	1.0	17.5	35.8	53.3
55	16.5	1.5	18	43.1	61.1
60	16.5	1.5	18	43.1	61.1

表 8-5　新安煤田 700 m 采深水压致裂最小封孔长度

水压/MPa	应力墙 保护带宽度/m	水平应力 增压带宽度/m	保护屏障 宽度/m	压裂缝长/m	封孔长度/m
5	17.5	0	17.5	0	17.5
10	17.5	0	17.5	0	17.5
15	17.5	0	17.5	0	17.5
20	17.5	0	17.5	2.341	19.841
25	17.5	0	17.5	6.355	23.855
30	17.5	1.0	18.5	12.37	30.87
35	17.5	1.0	18.5	18.39	36.89
40	17.5	1.0	18.5	24.41	42.91

表 8-5(续)

水压/MPa	应力墙 保护带宽度/m	水平应力 增压带宽度/m	保护屏障 宽度/m	压裂缝长/m	封孔长度/m
45	17.5	1.0	18.5	30.43	48.93
50	17.5	1.0	18.5	35.79	54.29
55	17.5	1.0	18.5	41.81	60.31
60	17.5	1.0	18.5	41.83	60.33

在新义煤矿 11011 工作面轨道巷,向该工作面煤层处施工顺层压裂孔,实施水压致裂试验,验证安全封孔长度。现场顺层压裂孔试验参数见表 8-6。

表 8-6　现场顺层压裂孔试验参数

孔号	孔深 /m	封孔长度 /m	孔直径 /mm	最大注水流量 /(m³/min)	注水最大压力 /MPa	注水总量 /m³	压裂时长 /min
11011-34-1	45	27	70	0.39	27	22	57
11011-43-2	60	30	70	0.4	34	15	40

1011 工作面轨道巷 34 钻场 1 号孔压裂后,压裂孔前方 10 m 和后方 10 m 范围内,巷道底板落有明显的浮煤,顶部个别背木有折断现象,但未发现巷道内有裂缝、底鼓、煤体位移和压裂孔漏水等现象。根据表 8-5 中的数值可以计算出,27 MPa 水压的安全封孔长度应为 26.67 m,实际封孔长度 27 m,压裂后未发生煤体位移和压裂孔漏水,表明数值试验的结果满足实际压裂需要。

11011 工作面轨道巷 43 钻场 2 号孔压裂后,压裂孔前方帮部煤体出现显著裂缝,并往外渗水。根据表 8-5 中的数值可以计算出,34 MPa 水压的安全封孔长度应为 35.69 m,实际封孔长度为 30 m,小于数值试验封孔长度,结果压裂后发生显著煤体位移和压裂孔漏水。

上述对比试验表明,数值试验得出的压裂孔安全封孔长度与现场实际压裂试验的结果高度相符,数值试验的可靠性得到部分检验。

对于未达到起裂压力的煤层注水(表列压裂缝长度为 0 部分),封孔长度可根据注水压力适当减小。注水压力小于等于 8 MPa,封孔长度不小于 10 m;注水压力大于 8 MPa,封孔长度为 10～15 m。

沿压裂孔法向水压对巷帮和采面的影响,流固耦合数值试验未见与轴向影响存在显著差异。考虑防治冲击矿压"采面前方保持 3.5 倍采放高度卸压保护带宽度"的要求,沿压裂孔法向水压对巷帮和采面影响的安全屏障距离可参照表 8-3～表 8-5 的封孔长度,加上 3.5 倍采放(或巷道)高度的卸压保护带宽度。

8.3.4　区域瓦斯抽采措施

在煤层底板岩石中沿走向布置瓦斯抽采专用底板巷道,在瓦斯巷内每隔 20～30 m 掘一个抽放钻场,向所采煤层打穿层钻孔,实施生产准备前的区域预先抽采,是通过抽采瓦斯达到消除煤层区域消突危险性的主要和通行措施,这里不再赘述(图 8-11)。但在冲击地压危险没有确切消除条件下,建议将残余瓦斯压力控制在小于 0.6 MPa、残余瓦斯含量控制在小于 6.0 m³/t 为宜。

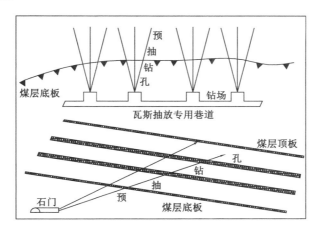

图 8-11　区域预抽瓦斯系统布置图

8.3.5　阻断或削弱发生冲击地压的条件

根据突出煤层发生冲击地压的条件和冲击地压诱发煤与瓦斯突出的路径,本书运用逆向思维,通过阻断或削弱发生冲击地压的条件,切断诱发煤与瓦斯突出的途径。

8.3.5.1　顶板预裂措施

顶板弯曲折断,是煤与瓦斯突出工作面可能产生冲击地压的一个主要原因和路径,可采用支架工作阻力观测和数值模拟仿真开采,分析顶板来压周期,对工作面重点矿压区段提前实施顶板深孔预裂爆破措施,控制顶板岩梁悬臂长度,降低对采面超前段的采动应力集中系数,消除基本顶来压对煤层的超压和冲击作用。

顶板预裂施工,宜在工作面超前 100 m 外提前实施。一般情况下,在机巷、风巷内帮沿工作面推进方向,每隔 15～20 m 各布置一组 3 个爆破钻孔,采用矿用乳胶炸药,每孔装药 15～30 kg 逐步尝试。钻孔向工作面方向倾斜,仰角分别为 75°、55°、35°,如图 8-12 所示。也可采用水力压裂技术进行顶板定向压裂造缝处理,裂缝间距可以更小。

8.3.5.2　底板卸压断底措施

底板屈曲折断,是煤与瓦斯突出工作面可能产生冲击地压的另一主要原因和路径,可以采用底板钻孔卸压、切槽卸压断底措施,减少底板膨胀量,预先切断底板,使之不产生屈曲应变能,消除底板起鼓来压对煤层的超压和冲击作用。

如果采掘过程中巷道底板出现起鼓或裂缝,并伴随附近煤体发生“煤爆”现象,掘进过程巷道曾发生过冲击、断裂或起鼓的地段,应采取底板钻孔卸压措施。

在工作面两巷的内帮(如内帮底板没有施工空间,则可选择外帮底板,如图 8-13 所示),沿巷道走向,在底板起鼓向两侧延伸 20 m 地段施工一排卸压钻孔,钻孔直径 96 mm,钻孔间距 0.5 m,孔深 15 m,钻孔俯角 80°,施行大直径底板卸压预裂钻孔措施。

特厚煤层留底煤的巷道,宜在巷道中部切槽卸压断底,切槽宽度 0.5～1.0 m,深度 5 m 左右,切槽后用矸石回填。

8.3.5.3　煤层注水软化区域解危措施

试验表明,煤浸水后强度降低,变形量增加。根据煤的这一水理性质,可利用本煤层内

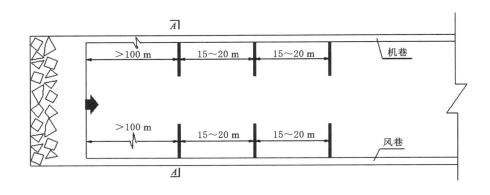

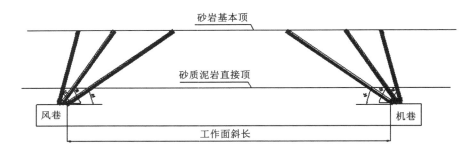

图 8-12　顶板深孔预裂爆破卸压措施孔布置图

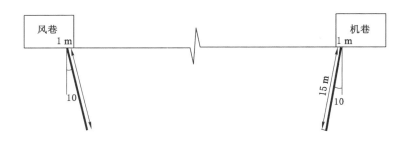

图 8-13　底板卸压钻孔布置示意图

废弃的顺层瓦斯抽排孔向煤层注水。

对于透气性较高的煤层,采煤工作面开采前沿两巷道每隔 5 m 布置一个注水孔,根据煤层厚度确定钻孔角度与孔深,高、低孔交替布置。用额定压力为 17 MPa 的 3D-SZ 型高压注水泵进行动压注水,工作压力一般在 8.0~13.0 MPa,流量为 135 L/min,采用高压橡胶封孔器封孔,封孔深度 5~7 m。注水 30 h 后,改为静压注水,静压注水采用聚氨酯封孔。注水后,检测煤体全水分达到 4%、增值达到 2% 后方可开采。这是煤矿的双控指标,要求同时达到。首先增值达到 2% 以上,然后煤体全水分达到 4% 以上。

对冲击地压较严重的采煤工作面,检修班对煤壁进行动压短壁注水卸压。煤巷掘进工作面利用白班检修时间进行高压注水卸压,注水钻孔深度应在 10 m 以上,使采掘工作面始终位于卸压带内。

对透气性较低的煤层,应超前工作面 50 m 外,提前不少于 20 天实施,孔距 2 m,孔深约

50 m,注水压力 2.5~5.0 MPa,注水孔随采随移。降低煤的强度,增大变形量,达到卸压解危的目的。对于用钻屑法预测有危险的区段,可增加大孔径钻孔卸压措施,应超前工作面50 m 外,提前不少于 10 天实施,孔径不小于 110 mm,孔距 2 m,孔深 20~30 m。

8.3.5.4　邻近断层采掘防治措施

采掘工作面邻近大型地质构造(幅度在 30 m 以上、长度在 1 km 以上的褶曲,落差大于20 m 的断层),应制定断层防治专项措施。

落差小于 2.0 m 的断层两侧 30 m 范围,落差不小于 2.0 m 的断层和多条小断层汇聚区段的两侧 40 m 范围,采掘前加密卸压抽采孔距,进行卸压抽采。采掘到距此部位100 m前,需进行防治效果检验,如未达到安全指标则继续实施局部强化治理措施,直至满足安全指标。采掘至该部位 50 m 前,实施深孔前探措施,根据探查结果确定是否采取进一步的局部防治措施。

8.3.6　冲击地压危险退出后的防治对策

实施上述以防治冲击地压为主的卸压解危措施后,用钻屑等方法进行检测验证,如果矿压明显降低,消除了冲击地压危险性,则该煤层冲击危险和冲击诱突危险退出,可按常规防治煤与瓦斯突出煤层管理。

如果不能确定消除了冲击地压危险,或冲击地压危险没有完全解除,则需要补充局部强化防突措施,使其瓦斯含量、瓦斯检测指标和钻屑检测指标低于冲击诱突煤层的危险临界值(该临界值需要根据矿井实际情况测定)。

8.3.7　局部综合防冲防突措施

实践证明,尽管采用了上述严格的区域消突和卸压解危措施,大幅降低了开采风险,但回采过程的突出危险性仍在。回采过程中对本煤层顺层钻孔前探发现,断层、瓦斯富集区和局部预测效检指标超出规定临界值时,应采取工作面本煤层顺层浅孔卸压抽采瓦斯措施。

在工作面内垂直煤壁布置钻孔,孔径不小于 89 mm,孔深 20 m,孔距 1.5 m,每施工一个措施孔,及时连管抽采,最后一个孔施工结束后抽采 4 h,停抽 1 h 后开始效果检验。效果检验后,如果指标小于危险临界值,才允许进尺 5 m。

8.4　动态合理控制开采推进速度

实践证明,采掘工作面的推进速度是影响冲击地压和煤与瓦斯突出发生的重要因素,应动态合理管控推进速度。

采掘推进速度原则上要根据防突、防冲能力确定,留够保护带宽度,将采掘作业空间始终限定在达到防突、防冲效果的范围内。

8.4.1　开采速度对顶板弯曲破断的影响

为研究开采推进速度对砂岩顶板破断影响而引发的动力灾害的机理,采用三点弯曲试验对砂岩施以不同加载速率的弯曲荷载直至断裂,扫描电镜下观察破坏面微观结构,分析其微观形态和微破裂形式及能量释放与加载速度(等效于开采推进速度)之间的关系[91]。

8.4.1.1 试验方法

试验采用 WDW-50 微机控制电子万能试验机对试样进行三点弯曲试验,并在底部承压端两侧设置支撑底座,底座为圆柱形,支点跨距为 200 mm。将应变片沿试件中心线均匀贴于试件正面,用砂纸打磨表面光滑后使用 502 胶水粘贴固定,自上至下共布置 4 个应变片。单个应变片电阻值为 120 Ω,将应变片与补偿应变片相连,采用半桥连接的方式接入动态电阻应变仪。试验装置如图 8-14 所示。试验布置示意图如图 8-15 所示。

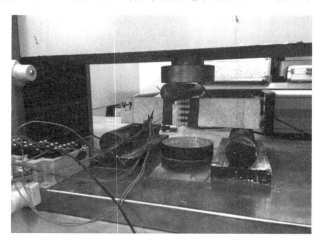

图 8-14 试验装置图

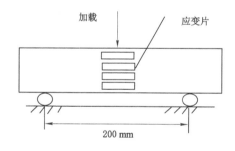

图 8-15 试验布置示意图

砂岩试样取自平顶山煤田,从取样点采集完样品后即运送至实验室,精加工成符合标准的试样。试件表面平整、各边互相垂直,尺寸误差为 ±0.3 mm,标准尺寸为 50 mm×50 mm×250 mm,无预制缝。

试验前对该试验机进行标定、设置,采用负荷控制方式进行加载,在砂岩长轴中央施以弯曲荷载,分别选取 0.1 N/s、0.4 N/s、1 N/s、10 N/s、30 N/s、60 N/s 的加载速率对 6 组试样进行连续加载。试验前先将电子万能试验机的压头与试件中部轴线上放置的圆柱形细钢件轻微接触,保证加载系统与试件为线接触,且在试件中央。每组 3 个试件,匀速加载直至试件破断,记录各试件的破坏荷载,试验结果离散性大则增加试样,试验结果见表 8-7。选取离散性小的 3 组数据取平均值进行分析。

表 8-7　不同加载速度岩石三点弯曲试验抗弯强度结果

加载速率/(N/s)	试验编号	破坏荷载/kN	抗弯强度/MPa
0.1	A1	2.50	
	A2	2.61	
	A3	2.57	
	平均	2.56	6.144
0.4	B1	2.58	
	B2	2.72	
	B3	2.68	
	平均	2.66	6.384
1	C1	2.80	
	C2	2.99	
	C3	2.83	
	C4	2.71	
	平均	2.78	6.648
10	D1	2.86	
	D2	2.51	
	D3	2.94	
	D4	3.00	
	平均	2.93	7.032
30	E1	3.34	
	E2	3.25	
	E3	3.47	
	平均	3.35	8.040
60	F1	3.64	
	F2	3.48	
	F3	3.63	
	平均	3.56	8.544

8.4.1.2　加载速率对抗弯强度的影响

砂岩试样分别在设定的 6 个速率下进行加载,得到各组的弯曲破坏荷载。根据试样的平均弯曲破坏荷载可计算出岩石在该加载速率下的抗弯强度,抗弯强度计算公式如下:

$$R_t = \frac{3p_t L}{2ba^2} \times 10 \tag{8-11}$$

式中,R_t 为试件抗弯强度,MPa;p_t 为试件弯曲破坏荷载,kN;L 为弯曲跨度,cm;a 为长方体断面宽,cm;b 为长方体断面高,cm。

在试验的加载速率范围内,砂岩弯曲破坏荷载随加载速率的增大而逐渐增大,具有明显的时间效应。试样破坏荷载较高的,是岩矿结构破坏形式对加载速度的反应。

8.4.1.3 断口特征

用二次电子成像对砂岩弯曲断裂破断面进行裂纹特征分析。选取三点弯曲试验中各加载速率下断裂的岩样,确定弯曲断裂面为观察面。由于起裂点损伤区更大,且脆性岩石裂纹发展较快,裂纹孕育时间较长,因此选取靠近起裂点的试样底部位置为主观察区,用切割机将断面切割成 1 cm 见方的小薄片,厚度不大于 0.5 cm。实验采用 FEI Quanta250 环境扫描电镜,挑选切割较为平整的试样块顺次放置于样品台上,并用导电胶黏好;然后对样品进行喷金处理,以增加岩样的导电性。

在扫描电镜上,对试验样品不同部位进行不同放大倍数下的观察,先将放大倍数调至50 倍,选择裂纹集中的区域进行观察并拍摄扫描电镜照片;接着分别进行 100、400、800 倍的拍摄,依次选取多个观察点进行拍摄比较,得到不同速率下砂岩断口 SEM 图(图 8-16);最后发现砂岩内部结构较复杂,主要由各种砂粒胶结而成,黏土杂质含量较高,并含有大量微裂隙和杂质。砂岩弯曲荷载作用下的破裂面断裂形式为沿晶断裂(IG)和穿晶断裂(TG)

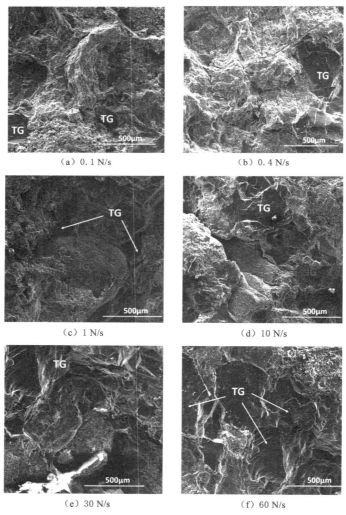

(a) 0.1 N/s   (b) 0.4 N/s

(c) 1 N/s   (d) 10 N/s

(e) 30 N/s   (f) 60 N/s

图 8-16　不同加载速率下试样的 SEM 图像

耦合,整个断面呈现凹凸不平的形态。加载速率较慢时,砂岩中的沿晶断裂为主要破坏形式,相应的砂岩抗弯强度也较低;而中、高速加载时,砂岩穿晶断裂比例明显上升,且穿晶裂纹趋于复杂,砂岩的弯曲破坏荷载呈现一个陡增的趋势,所需断裂能也随之升高。从岩矿结构角度解释,矿物之间的排列是无序紧密镶嵌的。当某矿物受力时,必然牵动周边相邻矿物相互传递,在接触胶结最弱部位产生绕晶微裂隙;随着加载速率的增加,岩样内部沿晶微裂隙的扩展速度跟不上加载速率,未能进一步扩展,试图发生穿晶破裂,从而减缓了岩样的破坏速度,进而岩样的破坏荷载也随之提升。

对 6 个不同加载速率下的砂岩断口试样在 100 倍下进行电镜分析可得:0.1 N/s 速率下的砂岩断裂模式以沿晶断裂为主,占 90% 以上,鲜见穿晶断裂,可见表面颗粒沉积硅质球;0.4 N/s 速率下,沿晶断裂占 80% 左右,沿原有裂隙开裂的位置可见黏土矿物颗粒;当加载速率继续升高至 1 N/s、10 N/s、30 N/s 时,穿晶断裂占比也随之上升,达到 40%~50%,并伴有部分解理断裂;加载速率为 60 N/s 时,穿晶断裂明显增加,且穿晶断裂面随之增大、聚集,断裂面也较之低加载速率下的更粗糙,可见明显的河流状和阶梯状裂纹,沿晶断裂只占到 30% 左右。由此可见,加载速率能在一定程度上影响砂岩弯曲折断的断裂形式,加载速率较低时,以沿晶断裂为主,随着加载速率的提升,穿晶断裂比例逐渐增加。

通过分析砂岩弯曲断裂断口形貌,显示砂岩弯曲断裂的细观特征主要是在拉伸作用下的脆性断裂。低速加载下,断口多在胶结处及薄弱晶间断裂;高速加载下,则出现部分河流状解理断裂,不同弯曲加载速率下的断裂均表现出较强的拉伸脆断特征。

8.4.1.4　总体认识

砂岩三点弯曲试验显示,弯曲破坏荷载及抗弯强度随加载速率的增大而增大,岩样破坏过程的力学行为和加载速率有关,岩石弯曲破坏存在时间效应。

低加载速率下,砂岩宏观断口较整齐;高速加载下,断口部分呈现类岩爆现象,有碎石崩出。观察 SEM 图像,可见随着加载速率的增大,砂岩穿晶断裂的比率明显升高,裂纹趋于复杂,加载速率对砂岩的断裂方式有一定的影响。

砂岩断裂方式主要有穿晶断裂和沿晶断裂两种,加载速率慢,沿晶断裂占比较高,破坏时释放能量较低;加载速率快,穿晶断裂占比较高,破坏时释放能量较高。因此,控制开采掘进速度可以降低顶板破断的能量释放。

8.4.2　开采速度对保护带宽度的影响

为研究突出煤层采掘保护带宽度对瓦斯涌出的作用,采用瓦斯运移及路径控制试验装置,以不同尺寸的自制煤样为研对象,研究路径对煤样表面瓦斯涌出速度的影响[92]。

8.4.2.1　原理假设

本书通过实验室客观改变煤样内瓦斯的运移路径来实现对路径控制效应的研究,运移路径指所吸附甲烷分子解吸为游离状态后,从解吸处运移至自由面所经历的物理路径的长度,包括扩散过程与渗流过程所克服的全部煤体内结构,故理论上运移路径与煤样尺寸的大小有着定性的函数关系。

图 8-17 中,①、②曲线为游离甲烷分子运移至自由面所经历的路径,其长度为运移路径长度。煤样尺寸大小不仅决定了其内部吸附甲烷分子解吸为游离状态运移至自由面的难易程度,同样也影响着游离甲烷分子渗流过程的快慢。总之,煤样尺寸对瓦斯运移过程产生不可忽视的影响。故借助改变煤样尺寸对瓦斯运移特性的影响为基础,以实验室监测和数值

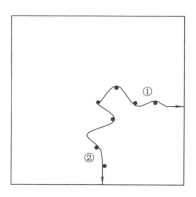

图 8-17　煤样任意截面上的游离甲烷分子运移路径示意图

模拟为手段展开研究。

8.4.2.2　试验设备

天然煤体具有强度低、脆性大等特点,因此对原煤取芯直接制作块煤难度很大。同时,煤体内部层理和节理纵横交错,即使成功制成煤样,各个煤样的差异性也较大,因而不能准确地揭示瓦斯运移规律。此外,原煤煤样与自制煤样之间的真比重和视比重相差不明显,孔隙度相差约 4 倍,孔隙体积相差 4～10 倍。但是通过试验对比两种煤样渗透特性、变形特性及抗压特性,发现它们具有相当好的一致性,且自制煤样容易加工、成功率高,所以本试验采用自制煤样来进行研究。

试验煤样取自于山西省潞安集团漳东煤业。用破碎机破碎成煤粉,筛选出粒径为 0.25～0.5 mm 的煤粉。将选好的煤粉与水泥、水按 10∶3∶1 混合均匀。用天平称取上述煤粉混合物 525 g 放入制煤样装置中,通过加压(25 MPa)和脱模两道工序制成 4 种尺寸煤样,如图 8-18 所示。

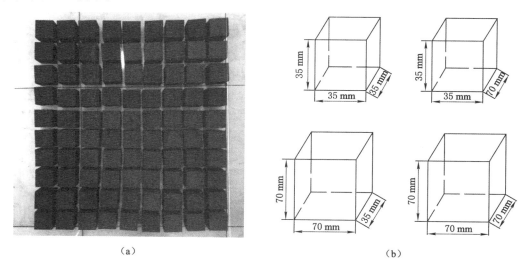

（a）　　　　　　　　　　　　　　　　　（b）

图 8-18　煤样

本试验采用瓦斯运移路径控制试验装置,试验中以纯甲烷代替瓦斯。该装置主要包括甲烷气罐、煤样罐及管路单元、瓦斯动态监测单元等,如图 8-19 所示。

（a）甲烷气瓶

（b）煤样罐

（c）流量计

图 8-19　试验装置

煤样罐是由直径为 242 mm、高度为 181 mm 的圆柱体构成的。在该圆柱体内部车出一个尺寸为 100 mm×100 mm×100 mm 的正方腔体用于放置煤样。柱体上端为密封盖,柱体和密封盖通过螺纹连接起来。

8.4.2.3　试验方案

根据试验需要,本书设计了一种"替代法"解决由于装置自由空间带来的误差。在每组试样试验前,进行无处理煤样的瓦斯放散试验;然后用游标卡尺测量煤样几何尺寸,并计算出体积(V);最后,用装有相同体积水的容器代替煤样放入煤样罐内,在相同试验条件下的进行"替代试验"。试验中所测得数据即是装置自由空间带来的影响,因此将煤样试验测得数据中直接减去"替代试验"中数据即为试验所需要数据。

本试验将瓦斯压力设置为 0.4 MPa、0.8 MPa、1.2 MPa 三个水平,共设计 12 组试验,以减少试验中可能出现的误差,获得具有代表性的瓦斯运移特征曲线。具体试验方案见表 8-8。

表 8-8　试验方案

组号	试样编号	吸附平衡压力/MPa	试样中煤粉质量/g	试样尺寸(长×宽×高)/mm³
C1	C11	0.4	525	1 个 70×70×70
	C12		525	2 个 35×70×70
	C13		525	4 个 35×35×70
	C14		525	8 个 35×35×35
C2	C21	0.8	525	1 个 70×70×70
	C22		525	2 个 35×70×70
	C23		525	4 个 35×35×70
	C24		525	8 个 35×35×35
C3	C31	1.2	525	1 个 70×70×70
	C32		525	2 个 35×70×70
	C33		525	4 个 35×35×70
	C34		525	8 个 35×35×35

首先在装置中充入少量甲烷气体,采用肥皂水检测其气密性;然后,将制备好的试样放入煤样罐里;接后将其置于恒温水浴箱里,打开甲烷瓶阀门,调节减压阀使压力表示数达到设定的甲烷压力值,吸附 12 h;最后,关闭注气阀门,打开瓦斯流动特性动态监测系统,实时记录煤样瓦斯参数,如图 8-20 所示。

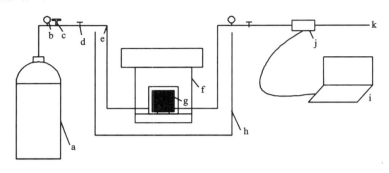

a—气源;b—气压表;c—总阀门;d—调压阀门;e—管路;f—煤样罐;h—恒温浴;
j—气体流量计;i—计算机;k—出气口。

图 8-20　试验装置系统图

8.4.2.4　试验结果分析

试验中瓦斯流动动态监测软件监测的参数为试样在试验所处环境下的煤样瓦斯放散速度[mL/(g·s)]和累计放散量(mL/g)。因此,本书以这两个参数为研究对象,对试验结果进行分析。

（1）不同尺寸煤样对瓦斯放散速度影响的试验研究

在不同吸附压力(0.4 MPa、0.8 MPa、1.2 MPa)条件下进行运移试验,得到不同尺寸煤样瓦斯放散速度的试验曲线,如图 8-21～图 8-23 所示。

分析图 8-21 至图 8-23 得到:

瓦斯放散速度随着时间增加而减小,在最初的几十秒钟时间段内放散速度很快,大多集中于 0.1～0.3 mL/(g·s),但当放散试验进行至 200 s 时速度减小至 0.01 mL/(g·s)以

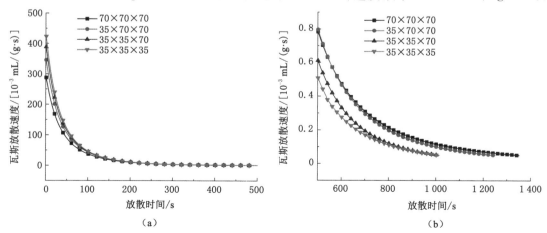

（a）　　　　　　　　　　　　　（b）

图 8-21　1.2 MPa 下的瓦斯流速

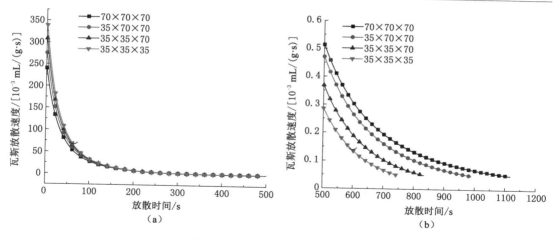

图 8-22　0.8 MPa 下的瓦斯流速

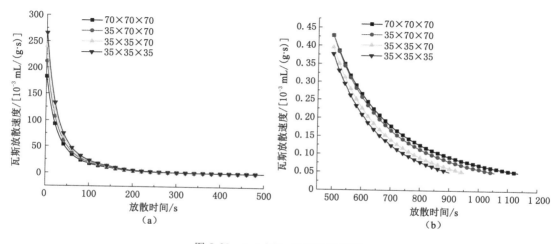

图 8-23　0.4 MPa 下的瓦斯流速

下;在 1 200 s 左右时,放散速度减小至 0.000 005 mL/(g·s)以下,认为此时放散过程基本结束。因此,试验数据选取在 1 200 s 之前的数据。

随着时间的增加,煤样瓦斯的放散速度逐渐降低并趋向于平缓,但是几何尺寸小的煤样(运移路径短)在相同时间段的放散速度快。尤其是初期,差距尤为明显,如 1.2 MPa 下煤样尺寸从大到小对应的瓦斯放散速度为 0.287 mL/(g·s)、0.354 mL/(g·s)、0.388 mL/(g·s)、0.423 mL/(g·s),随着放散速度减小,这种差距也在逐渐减小。这主要是瓦斯放散初期煤样外表面和裂隙中吸附甲烷量所占比重比较大,且由于煤样的尺寸直接对瓦斯运移路径(解吸→扩散→渗透)产生直接的影响,即:尺寸越大,瓦斯运移路径越长。综上,在试验过程中呈现出了在相同试验条件下(温度、水分和吸附压力等),前期尺寸较小煤样瓦斯放散速度总是大于尺寸较大煤样放散速度。

在 200～700 s,随着试验的进行出现尺寸较大(运移路径长)煤样瓦斯放散速度逐渐大于尺寸较小(运移路径短)煤样瓦斯放散速度的现象,为了便于研究,将这种现象定义为速度"超越"。以下以图 8-24 为例进行阐述。

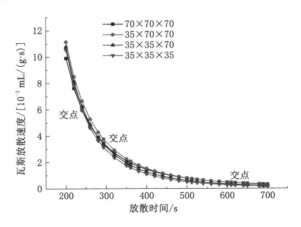

图 8-24　速度超越流动曲线

产生原因:前期运移路径短(几何尺寸小)的煤样由于其外表面大孔较多,受解吸影响区域较大,所以煤样解吸完全所用时间较短;瓦斯放散后期,大尺寸煤样受解吸影响区域大于小尺寸煤样受解吸影响区域,因此瓦斯放散速度随煤样尺寸变大而变大。

(2)不同尺寸煤样对瓦斯累计放散量影响的试验研究

图 8-25 所示为不同吸附压力下瓦斯累计放散量。随着瓦斯放散速度增大,其放散量急剧上升,曲线急剧上升;随着放散速度减小,放散量增速也逐渐减小,曲线趋于平缓。

虽然放散速度实现"超越",但在放散量上始终没有实现"超越",运移路径短的煤样在相同的时间段的瓦斯累计放散量大。尤其是在初始阶段,瓦斯最终放散量随着煤样尺寸减小而增大。这主要是在其他条件相同时,煤样尺寸越小,其内部瓦斯流动阻力越小,瓦斯放散到煤样表面越容易。

综上所述,煤样尺寸越小,放散曲线越短,放散达到设定速度所用时间越短。主要原因是煤样尺寸越小,运移路径越短,瓦斯放散煤样的时间越短。

8.4.2.5　Fluent 模拟分析煤储层内瓦斯运移路径控制效应

煤储层内瓦斯运移路径理论上与煤样尺寸大小有着定性的函数关系,因此,本书采用 Fluent 数值软件模拟煤储层内瓦斯运移特性。分别选取上述三种尺寸煤样中间一截面,其大小分别为:70 mm×70 mm、70 mm×35 mm、35 mm×35 mm 三种尺寸的几何模型,并在三种几何模型中部各设置一个相同压力的瓦斯源,来模拟不同尺寸煤样内部吸附甲烷分子解吸为游离状态并运移至自由面的难易程度,得到如图 8-26 所示的三种尺寸煤样瓦斯放散速度云图。

为了更直观反映出煤样尺寸对瓦斯运移路径的影响,假设取煤样内部一甲烷分子为研究对象,将图 8-26 进行简化,得到图 8-27。

当模型中部的一甲烷分子运移至四个自由面的距离一致时,该甲烷分子就可能随机地从某一自由面放散出,如图 8-26(a)或图 8-27(a)的 b、d 自由面。

但当一甲烷分子运移至四个自由面的距离不一致时,如图 8-26(b)或图 8-27(b)的 b、d 自由面,该甲烷分子运移至 b、d 自由面所要经历的物理运移路径及克服的全部媒体内部结构所需的能量明显小于从煤样 a、c 自由放散出的所需的能量,因此煤样内部甲烷分子只从 b、d 自由面放散出。

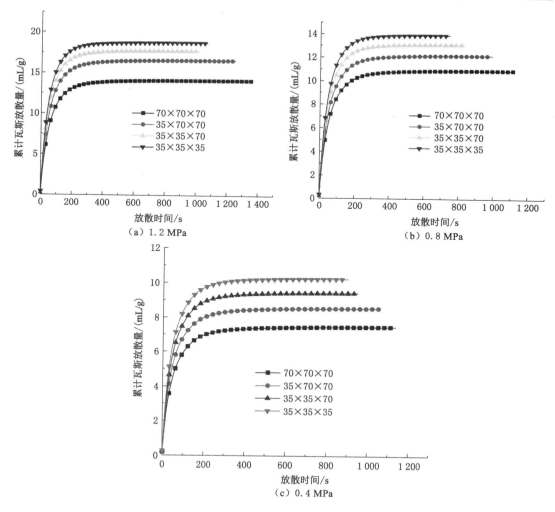

图 8-25　不同压力下气体累计排放量

在具有相同压力的内部瓦斯源项条件下,35 mm×35 mm 尺寸煤样内部甲烷分子运移至各个自由面的距离一致,故甲烷分子从 a、b、c、d 四个自由面放散出,如图 8-26(c)或图 8-27(c)。但相较于 70 mm×70 mm 尺寸煤样,其内部甲烷分子运移至自由面所要经历的物理运移路径及克服的全部煤体内部结构所需的能力却是小于 70 mm×70 mm 尺寸煤样。

8.4.2.6　煤样内瓦斯运移路径数学模型探究

根据试验情况,煤样微结构如图 8-28 所示。煤体内微结构可划分为孔隙、裂隙,详见表 8-9。

表 8-9　实验中的微结构类型

孔隙		裂隙	
微孔	小孔	中孔	自由空间

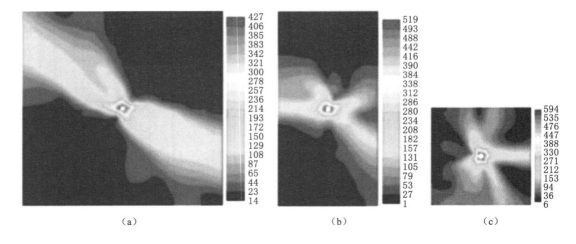

图 8-26　三种煤样瓦斯涌出速度云图

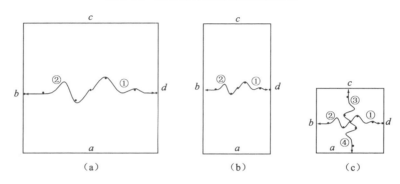

图 8-27　瓦斯运移路径示意图

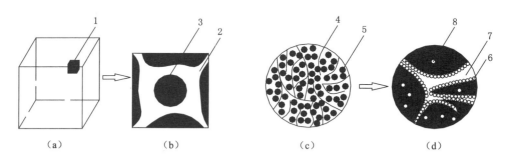

1—煤样微胞;2—裂隙;3—颗粒煤;4—粒间颗粒煤孔;5—极限煤颗粒;

6—吸附甲烷分子;7—粒间极限煤颗粒孔;8—吸附甲烷分子。

图 8-28　煤样微结构示意图

　　如图 8-28 所示,设颗粒煤体积为 V_{pc},颗粒煤内每个极限煤粒瓦斯扩散到颗粒煤外表面的最短路径是固定的。本节是以颗粒煤为研究对象,因此不着重强调每个极限煤粒的扩散路径,只注重极限煤粒的扩散路径平均值,即整个煤粒扩散路径的平均值。设颗粒煤内瓦斯扩散至颗粒煤表面的最短平均距离为 L_{pm},其与颗粒煤的体积有关。

$$L_{pm} = \alpha(V_{pc}) \tag{8-12}$$

式中, α 为最短运移路径与体积关系。

由于孔隙是弯曲的,同时又是相互连通的通道,所以运移路径因孔隙通道的曲折而增长。因此,瓦斯在颗粒煤内实际有效的运移路径为:

$$L_{diffusion} = \frac{L_{pm}}{\tau_1} = \frac{\alpha(V_{pc})}{\tau_1} \tag{8-13}$$

式中, τ_1 为扩散阶段曲折因子,是为修正扩散路径变化而引入的。

设煤样体积为 V_{cs} ,当煤样尺寸固定时,煤样内每个颗粒煤内的运移路径(包括扩散、渗流)的最短路径是固定的,并与煤样的体积有关。瓦斯的最短运移路径 L_{cm} 为:

$$L_{cm} = \gamma(V_{cs}) \tag{8-14}$$

式中, γ 为最短距离与煤样体积的关系式。

由于孔隙是弯曲的,同时又是相互连通的通道,所以运移路径因孔隙通道的曲折而增长。因此,瓦斯在煤样内总实际有效的运移路径 $L_{effective}$ 为:

$$L_{total} = \frac{L_{cm}}{\tau_2} = \frac{\gamma(V_{cs})}{\tau_2} \tag{8-15}$$

式中, τ_2 为总路径曲折因子,是为修正运移路径变化而引入的。

将图 8-28 弯曲孔隙进一步抽象成串联式多级孔隙结构,每级划分标准为扩散或者渗透形式的改变,如图 8-29 所示。

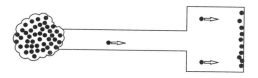

图 8-29　多级阶孔隙瓦斯运移示意图

因为此模型以煤样内单个颗粒煤为研究对象,不着重强调煤粒的扩散路径,鉴于试验煤样内部瓦斯路径无法控制,所以假设颗粒煤大小和在试样中位置固定不变,通过改变煤样的几何尺寸而改变颗粒煤数量,从而改变瓦斯的运移路径,因此煤样瓦斯运移路径受煤样几何度的影响。煤岩尺寸改变运移路径的途径是:

$$L_{diffusion} = \frac{L_{pm}}{\tau_1} = \frac{\alpha(V_{pc})}{\tau_1} \qquad\qquad 恒定 \tag{8-16}$$

$$L_{total} = \frac{L_{cm}}{\tau_2} = \frac{\gamma(V_{cs})}{\tau_2} \qquad\qquad 随 V_{cs} 变化 \tag{8-17}$$

$$L_{seepage} = L_{total} - L_{diffusion} = \frac{\gamma(V_{cs})}{\tau_2} - L_{diffusion} \qquad 随 V_{cs} 变化 \tag{8-18}$$

8.4.2.7　主要认识

理论上运移路径与煤样尺寸大小有着定性的函数关系,即吸附甲烷分子解吸为游离状态后从解吸处运移至自由面所经历的物理路径的长度,包括扩散过程与渗流过程所克服的全部煤体内结构。因此,通过客观改变煤样的尺寸进而影响瓦斯的运移路径,最终实现对路径控制效应的研究。

在不同的瓦斯压力条件下,随着放散时间增加,不同尺寸的煤样瓦斯的放散速度曲线逐渐降低并趋于平缓。但在放散初期，几何尺寸小的煤样（运移路径短）在相同的时间段的放散速度大于几何尺寸大的煤样（运移路径长）的放散速度。

在煤矿采、掘工作面，为了控制瓦斯快速放散涌出，需要加长运移的路径，控制瓦斯初期涌出速度。增加保护带宽度，是控制初期瓦斯涌出速度的有效途径。

8.4.3　开采速率对前兆预测信息的影响

采用图 8-14、图 8-15 的砂岩三点弯曲试验得到如下研究结果[93-94]。

8.4.3.1　加载速率对砂岩折断宏观前兆信息的影响

试验采用 6 级加载速率，对不同加载速率下岩样破坏形式和特征进行观察和记录。

加载速率较慢（0.1 N/s、0.4 N/s、1 N/s）时，试样在完全破裂前出现破裂声，下部裂纹显现并迅速发展至完全断裂；加载速率较快（10 N/s、30 N/s）时，试样下部裂纹的扩展情况无法用肉眼观测到，试样直接脆断，试样破裂宏观上无任何先兆表现；加载速率升高至 60 N/s 时，试样的破坏形式更为剧烈，试样破断声更大，并有少量碎屑从试样下部断口处崩出，断裂口亦较大，如图 8-30 所示。在开采推进时，慢速推进，顶板在完全破裂前会出现声音，小破裂前兆比较丰富，可预测性较强；而快速推进，顶板在完全破裂前会出现声音，小破裂前兆比较少，可预测性较差。

图 8-30　1 N/s、10 N/s、60 N/s 速率下试样破坏图片

8.4.3.2　加载速率对砂岩折断声发射前兆信息的影响

为进一步分析硬岩弯曲破断声发射的预测方式和可能性，本书对岩样折断前声发射计数峰值的特征规律进行分析，发现存在前兆峰值声发射时间长度与加载速率相关规律。

虽然岩样折断前的较长加载过程中，声发射计数较少，但在各级加载速率下，可以通过岩样折断前声发射计数峰值期相对活跃的时间分辨差异性。将岩样折断前声发射计数峰值活跃期时长占加载到破坏载荷总时长的百分比定义为相对前兆声发射时长 t_p：

$$t_p = \frac{t - t_c}{t} \times 100\% \tag{8-19}$$

式中，t_p 为岩石折断前声发射时长，无量纲；t 为加载到破坏载荷的时间，s；t_c 为经过 Kaiser 效应点后声发射出现显著活跃的特征时间，s。

各级加载速率与峰值声发射计数及其对应的载荷间存在较好的统计学规律，如图 8-31

所示。加载速率越高,峰值声发射计数越少,两者呈指数负相关趋势[式(8-20)];加载速率越高,峰值声发射所需的载荷越大,两者呈指数正相关趋势[式(8-21)],预示着积累的应变能力将越大。

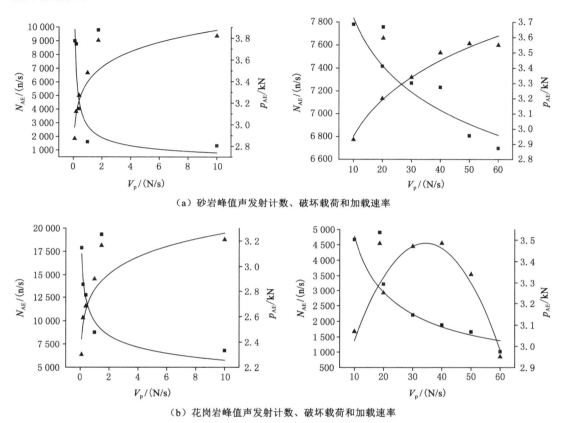

（a）砂岩峰值声发射计数、破坏载荷和加载速率

（b）花岗岩峰值声发射计数、破坏载荷和加载速率

图 8-31　加载速率与峰值声发射计数及其载荷关系图

$$\ln V = a - b\ln N_{AE} \tag{8-20}$$

$$\ln V = c + d\ln p_{AE} \tag{8-21}$$

式中,N_{AE} 为峰值声发射计数,n/s;p_{AE} 为峰值声发射计数对应的载荷,kN;a、b、c、d 均为常数。

8.4.3.3　工程应用意义

声发射可以监测岩石弯曲破断存在的前兆信息,但前兆信息出现的时间点随加载速率的增加而逐渐靠后。换言之,加载速率越快,岩石的弯曲损伤破断可预测性越差,可供发出预报和危机处理的时间越短。

在采动顶板破断监测预警时,高速开采等效高速加载,将导致前兆预警时间缩短,前兆微破裂和峰值破裂数量较少,需要破断的载荷越大,积累的应变能越大,一次性释放的应变能较高,高速开采将导致顶板破断危险性可预测性降低;而低速开采可加长前兆预警时间,前兆微破裂和峰值破裂数量较多,积累的应变能减少,一次性释放的应变能较低,有利于危险性预测预警和岩石低能量破断。

控制合理的开采速度,可增加顶板破断灾害的可预测性,这也是控制顶板破断冲击灾害的新途径。

8.5 改善支护

对于冲击地压危险性比较高的冲击-突出双危工作面,需要提高支护强度、改善支护方式,从而强化对冲击地压的防护能力。本书以老虎台矿的实践为例,介绍防冲支护问题。

8.5.1 提高工作面支护强度及装备水平

20 世纪 80 年代以前,老虎台矿采用倾斜分层 V 形长臂水砂充填采煤法,采煤工艺为炮采机运或炮采水运。20 世纪 80 年代以后,针对深部煤层倾角变缓、水砂充填回采工艺不再适用以及冲击地压等灾害对采煤工作面威胁越来越严重等问题,进行机械化采煤试验,逐步推广综合机械化放顶煤开采。

随着采煤方法的变更,采煤工作面的支护方式由原来的单体液压支柱铰接顶梁支护变为放顶煤液压支架支护,如图 8-32 所示。随着矿井开采逐步降深,矿压显现日益增大,冲击地压威胁安全生产更加严重,该矿不断优化和改善液压支架选型的支护参数。支护能力由初期的 2 800 kN 逐步增加到 4 800 kN、6 000 kN。目前,井下深部开采工作面普遍采用 8 000 kN 的液压支架。

图 8-32 采煤工作面液压支架支护

高强度的支护方式,不仅为作业人员提供了足够的作业空间,而且对工作面通风、顶板管理和防冲击地压都非常有利。综放面发生冲击地压时,人员压死及伤亡问题得到有效解决。

8.5.2 改善巷道支护方法

为防止冲击地压对巷道的破坏以及诱发瓦斯异常涌出,老虎台矿分四个阶段对巷道支护方式进行改革:一是被动刚性支护。炮采期间的木棚支护在冲击地压面前的缺点显露无遗,即在冲击地压发生的瞬间,这种支架便被破坏,支架完全失去支护作用;而由巷道周围煤岩体直接承载冲击压力,导致巷道严重破坏,有时伴随瓦斯异常涌出。二是被动 U 型钢可缩支护。采取缩小 U 形棚支护棚距、每架 U 形棚打 6 个卡子、棚下架单体压液支架等手段,增加棚子的支护强度和整体性、稳固性。这种支护形式在冲击地压发生时有一定的可缩量，使巷道能够剩余一定空间。三是主动锚网支护。这种支护形式可使巷道整体收缩，杜绝冒顶事故。四是重型加强支护。由锚网和 U 形、O 形支架复合支护，改 U25 型为 U29、U36 型重型支护，并在冲击地压较严重的巷道采用巷道超前液压支架、防冲巷道液压支架、垛式液压支架等支护方式。此种支护有较强的初撑力、良好的可缩性和较高的支护强度，抗冲击效果更为明显。

　　支护形式改革的成功，基本上控制了以往因巷道冒顶而造成的人身伤亡事故，杜绝了巷道冒顶造成通风系统中断以及瓦斯积聚等重大隐患，为有效防治冲击地压和复合型瓦斯灾害发挥了显著作用。

8.5.2.1　锚网 U 形棚复合支护

　　随着巷道支护方式改革，锚杆＋U 形棚等主动式支护方法和可缩性支护材料得到了广泛应用，取得了很好的使用效果，如图 8-33 所示。这种支护方法对巷道顶板的支护能力比较强，但对两帮和底板的控制力量比较弱。巷道底鼓、收敛速度非常快，巷道拆换维修工程量浩大。发生冲击地压时，容易因两帮收敛和大量底鼓导致巷道断面骤然缩小甚至合拢，进而中断通风系统，引发瓦斯大量积聚，造成重大事故。

图 8-33　锚网＋U 形棚复合支护

　　因此，老虎台矿将这种支护方式应用于 −430 m 水平以上巷道、岩巷，−430 m 水平以下无采掘活动及地质构造影响的受保护层保护煤体区域。这些区域矿压显现方式以顶板来压为主，没有明显动压影响，不受冲击地压和复合型瓦斯灾害的威胁。

8.5.2.2　锚网＋O 形棚复合支护

　　经过多年研究和试验，老虎台矿在煤矿井下受冲击地压威胁区域巷道形成了一套新的防冲击地压巷道支护方法，即采用两帮和顶板打锚杆，岩壁挂金属网，全断面喷混凝土，架设 O 形棚的复合支护方式支护巷道，如图 8-34 所示。

　　锚杆支护是主动式支护方式，不仅可以起到悬吊作用，还可以对围岩起到组合梁和挤压加固拱作用，使围岩形成一个整体，提高支护强度。锚杆为 $\phi20$ mm 螺纹钢，长度 2 m，末端带有金属托盘和螺母，用树脂锚固剂进行端头锚固。锚杆间距 700 mm，排距与棚距相同，一般取 600～800 mm。铺设 8# 铁线制成的正编金属网，进行全断面喷混凝

图 8-34　锚网＋O 形棚复合支护

土,厚度100 mm,可以进一步保护围岩,增大初撑力。O 形棚由 4 节相同弧形棚梁组成,连接部搭接 450 mm,用 3 道金属卡缆紧固,O 形棚与喷混凝土之间用坑木刹实。压力过大时,O 形棚棚梁间搭接部可以收缩,起到卸压作用来保护钢棚,使冲击地压过后钢棚仍然保持支护能力。O 形棚与喷混凝土之间用坑木刹实,既可以提高初撑力,也可以在发生冲击时卸载一部分压力。O 形棚之间棚距一般取 600～800 mm,棚与棚之间在卡缆处用铁拉筋连接紧固。

防冲击地压巷道支护方法,具有初撑力大、支护强度高、抗冲击能力强、支护结构完整等特点,实现了对巷道的全断面支护,对两帮和底板的控制能力强,可以有效降低巷道两帮收敛和底鼓速度,减少巷道维修施工量。发生冲击地压时,可以有效保护巷道、保护作业人员和设备安全。即使冲击载荷过大,O 形棚也可以通过搭接部收缩来卸压,仍然保持完整的支护结构,可以有效遏制冲击地压造成巷道冒顶、底鼓、摧毁支架及颠翻设备等现象,可以避免因巷道破坏造成通风系统中断引起瓦斯积聚,降低冲击地压对作业人员造成的人身伤害程度。

8.5.2.3　垛式液压支架

对于巷道岔口、构造区域、煤柱边缘等冲击危险性严重的巷道,使用垛式液压支架可以提高巷道支护强度。每组垛式液压支架由 4 根液压支柱与高强度的顶梁、底梁组成,尤其注重加强对巷道底板的支护强度,对减缓冲击强度和有效保护巷道空间具有十分明显的作用。垛式支架可在各种遭受冲击地压(矿震)或周期压力大的矿井巷道内进行永久支护,保护井下工人和巷道内设备的安全。

图 8-35 所示为 55002 工作面回风巷巷道岔口架设的垛式液压支架。图 8-36 所示为 73003 工作面运输巷严重冲击危险区架设的垛式液压支架。

垛式液压支架包括上横梁、下横梁和大流量不锈钢双安全阀,包括顶梁、底座和立柱,上横梁的两端分别与两侧立柱上方的顶梁相连,顶梁与立柱活塞杆相连,立柱缸底座在底座内,两侧底座与下横梁相连,立柱的缸体上设有大流量不锈钢双安全阀。

底座与下横梁连接好后,将立柱由上放入底座柱窝内,锁紧复位橡胶套,装上顶梁和上

图 8-35 巷道岔口垛式液压支架支护

图 8-36 巷道垛式液压支架支护

横梁,将大流量不锈钢双安全阀连接到立柱缸体上。同时升起 4 个立柱,支架稳固地支撑巷道的顶板和底板。沿巷道方向将若干支架相邻摆放支撑,形成牢固的巷道空间。

8.5.2.4 巷道超前液压支架

采煤工作面两端头和掘进工作面掌子头等超前应力集中区域受动压影响显著,顶底板来压大,易发生冲击地压。使用超前支护支架,可以提高巷道支护强度,减缓顶板移近速率,有效保护巷道,防止冲击地压和顶板事故,如图 8-37 所示。

两架巷道超前支护支架并列成一组,两架之间由防倒千斤顶通过连接耳连接。每架包括顶梁、立柱、底座和四连杆机构以及铰接于顶梁前端的替棚机构、移架千斤顶,还包括伸缩梁。顶梁的一端通过销轴与替棚机构相连,另一端通过销轴与伸缩梁的一端相连,伸缩梁的另一端与另一架支架的顶梁铰接。每个顶梁与底座之间通过两根立柱和位于两根立柱中间的四连杆机构相连,相邻的两个底座之间连接有移架千斤顶。该支架可在各类矿井巷道内进行自移行走式支护,保护井下工人和巷道内设备的安全。

支撑状态时,立柱伸出,顶梁和底座分别支撑巷道的顶板和底板。自移行走时,前面一组中的一架降架(即立柱收回),此时千斤顶和防倒千斤顶处于随动状态。顶梁离开顶板后,千斤顶和移架千斤顶伸出,由于后面的支架处于支撑状态,前面的这架将被向前推移一个千斤顶行程,然后将其立柱升起,支架处于支撑状态。如此反复,直至最后一个立柱升起,支架重新处于

图 8-37 巷道超前液压支架支护

支撑状态。

8.5.2.5 防冲巷道液压支架

采煤工作面处于原生煤体或邻近地质构造的巷道,有严重冲击地压危险,应采用防冲巷道液压支架支护,如图 8-38 所示。这类巷道受采掘扰动大,矿压显现强烈,巷道顶底板及两帮收敛很快,巷道维修维护工程量巨大,且极易发生冲击地压。

图 8-38 防冲巷道液压支架

防冲巷道液压支架由顶梁、底梁和 2 根液压支柱构成。拱形顶梁由 2 段弧形梁铰接组成,底梁由 2 个底座和 1 段中节铰接组成,顶梁和底梁间由液压支柱支撑。支架整体呈 O 形,与 O 形可缩钢棚同时使用,交替平行布置安装在 O 形棚棚孔内。防冲巷道液压支架具有初撑力大、支护能力强等特点,实现了对巷道的全断面支护,对巷道底板和两帮控制能力强。该类支架能够有效维护巷道断面,防止巷道底鼓,保护作业人员和设备安全。

8.5.2.6 架喷支护方式

对井底车场岔口、水平大巷、主要井筒等距离采掘生产区域较远的巷道可以采用架喷支护方式,即先进行锚网 U 形或 O 形棚支护,再挂金属网喷混凝土。这类区域巷道受采掘扰动小,无动压显现,采用架喷支护方式有利于控制围岩,使巷道支护形成一个固定的整体结构。这种支护方式既有利于维护巷道断面、减小通风阻力,还有利于标准化治理巷道和防止顶板活石坠落伤人,如图 8-39～图 8-41 所示。

图 8-39　－630 m 中继材料车场岔口架喷支护

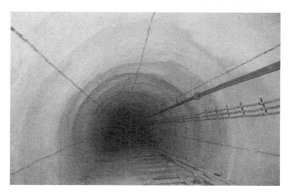

图 8-40　－730 m 回风巷架喷支护

图 8-41　－730 m 中继人车站架喷支护

8.6　掘进巷道通风系统改造

掘进巷道在突发局部通风机停运时出现瓦斯积聚一直是煤矿瓦斯治理的一大难题。进入深部开采后,冲击地压复合瓦斯异常涌出造成瓦斯浓度瞬间增大,通风能力不足,则又给掘进巷道瓦斯治理提出了新的课题。本书以老虎台矿为例阐述这个问题。

通常,煤矿巷道掘进过程需要通过局部通风机供风,排除巷道内有毒有害气体及粉尘,供给作业人员新鲜空气。其通风方式有三种:压入式、抽出式和混合式。煤巷、半煤岩巷和有瓦斯涌出的岩巷采用压入式通风方式。局部通风机在运行过程中难免出现因停电和机械故障而发生停运现象。目前,国内外煤矿掘进巷道局部通风机停运时,普遍采取停电、撤人、设置栅栏等措施;恢复运行时,还需采取送电排放瓦斯措施;当掘进巷道停风超过 24 h,按规定需要采取封闭巷道措施。局部通风机停运时间过长且有瓦斯涌出的掘进巷道内会出现瓦斯积聚,排放瓦斯时容易出现回风流瓦斯超限现象,如处理不当,易发生瓦斯事故。

为杜绝掘进巷道停风时出现瓦斯积聚和冲击地压后瓦斯异常涌出,控制排放瓦斯时回风流中瓦斯超限现象,防止瓦斯发生事故,老虎台矿在掘进巷道研究和推广应用全风压借风装置。该装置通过工程使用,做到了局部通风机停运掘进巷道不停风,杜绝了掘进巷道的瓦斯积聚,确保了矿井安全生产。

8.6.1　掘进巷道全风压借风装置

（1）全风压借风装置构成

全风压借风装置是在掘进巷道局部通风机停运时,借助矿井通风负压向掘进巷道供风的一种装置。它由设置在掘进巷道入风侧的全风压处一道借风门和与延伸至掘进巷道的供风风筒相连接的风筒组成,如图 8-42、图 8-43 所示。当掘进巷道因故突发风机停运时,启用该装置,利用矿井主要通风机产生的全风压向掘进巷道借风。

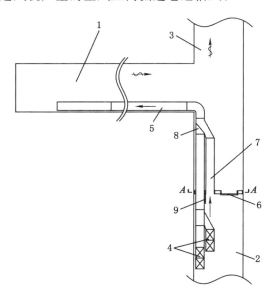

1—掘进巷道;2—入风巷;3—回风巷;4—主、备风机;5—供风风筒;
6—借风门;7—借风风筒;8—连接三通;9—风筒口挡板。

图 8-42　全风压借风装置示意图

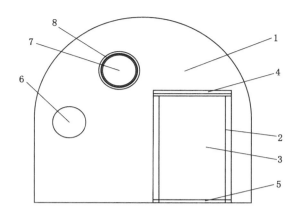

1—门墙;2—门口;3—卷帘门;4—卷帘门上部固定木板;
5—卷帘门下部小圆木;6—供风风筒口;7—借风风筒口;8—风筒口挡板。

图 8-43　A—A 断面借风门立面图

（2）全风压借风装置设置

借风门的门口选择在巷道行人和轨道侧,断面必须保证巷道正常通风和通车需要,并安设卷帘门。卷帘门用风筒布制作,上部用木板固定在门口上边框上,下部用小圆木固定后再卷起。借风门风筒口选择在门墙适当位置设置,一般在风门上方,并在风筒口设置可开关的挡板。在供风风筒上接一个三通,通过风筒与借风门上风筒口相连。

（3）借风操作过程

正常情况下,将卷帘门卷起,借风门上部风筒口挡板关闭,保持巷道正常通风。当局部通风机停运时,将借风门上部风筒口挡板打开,放下卷帘门,利用矿井通风负压向掘进巷道借风。

8.6.2　掘进巷道全风压借风装置技术参数测定

为掌握掘进巷道全风压借风装置的定量技术参数和评价指标,老虎台矿对掘进巷道全风压借风装置的运行数据进行了 3 次系统测试,技术参数测定情况和结果如下。

（1）矿井和准备面通风状况

老虎台矿采用两翼对角抽出式通风。矿井东西翼主要通风机型号为DKY26.5F-04A、备用通风机型号为 K_4-73-01N_{O32F}。矿井东翼使用主要通风机供风,总排风量6 120 m^3/min、负压764 Pa,电机功率 450 kW、频率 32 Hz。西翼使用备用通风机供风,总排风量8 536 m^3/min、负压 931 Pa,电机功率 630 kW、频率 42 Hz。矿井现有 2 个采面(83002、38003)、4 个掘面(73004和 38004 准备面运输巷、回风巷)、1 个备用面(55002),采面供风量为 1 577 m^3/min,掘面供风量为 1 650 m^3/min,备用面供风量为 744 m^3/min。

38004 准备面位于矿井浅东部阶段煤柱区,西侧为本区的 38003 采面,−430 m 入风、−330 m 回风。该准备面布置运输、回风巷 2 个掘进面,2009 年 8 月 31 日运输、回风巷分别掘进 410 m、210 m,2009 年 10 月 1 日运输、回风巷分别掘进 520 m、307 m,两掘进面均使用$2×15$ kW对旋局部通风机单机压入式供风(图 8-44),供风量均为 260 m^3/min。

73004 准备面位于矿井中深部原生煤体区,−730 m 入风、−680 m 回风。该准备面布

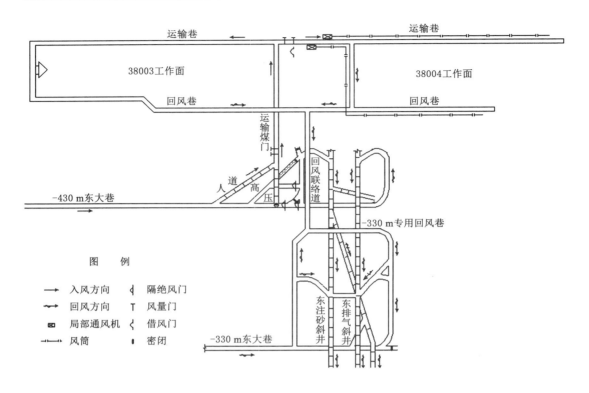

图 8-44　38003 采面和 38004 准备面通风系统示意图

置运输、回风巷 2 个掘进面,运输巷现掘进 210 m,回风巷现掘进 185 m,两掘进面均使用 2×30 kW 对旋局部通风机压入式供风(图 8-45),运输巷供风量为 536 m^3/min(双机),回风巷供风量为 310 m^3/min(单机)。

(2)第一次掘进巷道全风压借风装置技术参数测定结果

2009 年 8 月 31 日,38004 准备面 2 个掘进巷道借风时间为当日上午 10:00 至 10:40,计 40 min。借风门产生静压差 140 Pa;运输、回风巷掘进巷道借风量与局部通风机供风量比分别为 30.4%、37.7%,瓦斯浓度分别增加了 0.03%、0.04%;2 个掘进工作面没出现瓦斯积聚现象;38003 采面在 38004 准备面借风时与局部通风机供风量时风量比增加了 106%,见表 8-10。73004 准备面 2 个掘进工作面借风时间为当日上午 10:00 至 11:05,计 65 min。借风门产生静压差 190 Pa;运输、回风巷掘进巷道借风量与局部通风机供风量比分别为 32.8%、56.8%,瓦斯浓度分别增加了 0.3%、0;2 个掘进工作面没出现瓦斯积聚现象,见表 8-10。

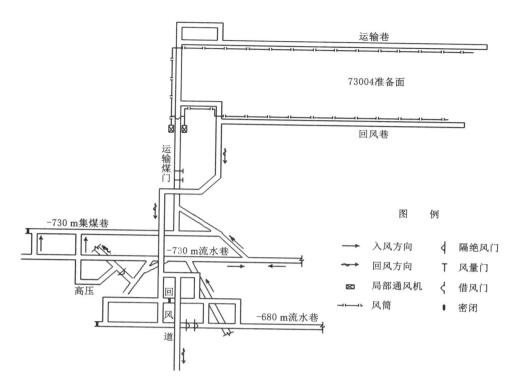

图 8-45　73004 准备面通风系统示意图

表 8-10　2009 年 8 月 31 日掘进巷道借风前后技术参数测定表

参数地点		巷道长度/m	压差/Pa			风量/(m³/min)			风量比/%	瓦斯浓度/%		
			前	后	差	局部通风机	借风	差值		局部通风机	借风	差值
38004	借风门	—	40	140	+100							
	运输巷	410	—	—	—	260	79	−181	30.4	0.04	0.07	+0.03
	回风巷	230	—	—	—	260	98	−162	37.7	0.03	0.07	+0.04
	38003 采面	—	—	—	—	482	993	+511	206.0	—	—	—
73004	借风门	—	40	190	+150	—	—	—	—	—	—	—
	运输巷	210	—	—	—	536	176	−360	32.8	0.18	0.48	+0.30
	回风巷	185	—	—	—	310	176	−134	56.8	0.10	0.10	0

（3）第二次掘进巷道全风压借风装置实际应用考察效果

2009 年 10 月 1 日 8:00 至 10 月 8 日 8:00,对 38004 准备面运输、回风巷 2 个掘进巷道进行全风压借风装置实际应用考察。借风门产生静压差 245 Pa;运输、回风巷掘进巷道借风量与局部通风机供风量比分别为 38.5%、46.2%,瓦斯浓度分别增加了 0.05%、0.06%;2 个掘进工作面没出现瓦斯积聚现象;38003 采面在停产期间进行了风量控制,停产期间风量占生产期间供风量的 75.7%,见表 8-11。

表 8-11 2009 年 10 月 7 日 38004 掘进巷道借风前后技术参数测定表

参数地点	巷道长度/m	压差/Pa			风量/(m³/min)			风量比/%	瓦斯浓度/%		
		前	后	差	局部通风机	借风	差值		局部通风机	借风	差值
38004 借风门		40	245	+205							
38004 运输巷	520				260	100	−160	38.5	0.04	0.09	+0.05
38004 回风巷	307				260	120	−140	46.2	0.03	0.09	+0.06
38003 采面					482	365	−117	75.7			

(4) 第三次掘进巷道全风压借风装置压力与风量变化测定情况

2010 年 1 月 31 日 9:30 至 11:00,对 38004 准备面运输巷掘进巷道进行全风压借风装置压力与风量变化测定。逐渐打开借风门,调节借风压力,测定掘进面借风量变化。借风前,掘进巷道长 870 m,局部通风机供风风量 250 m³/min,回风侧瓦斯浓度 0.05%,借风门压差 40 Pa。借风期间,借风门压差 50~200 Pa,借风量 55~105 m³/min,回风侧瓦斯浓度 0.06%~0.07%,见表 8-12、图 8-46。

表 8-12 2010 年 1 月 31 日 38004 运输巷掘进巷道借风压力与风量变化测定表

参数	测点							
	8	1	2	3	4	4	5	7
借风门压差/Pa	50	80	90	100	110	140	180	200
掘进巷道借风量/(m³/min)	55	63	68	76	83	96	105	112
回风侧瓦斯浓度/%	0.06	0.06	0.06	0.06	0.06	0.07	0.07	0.07

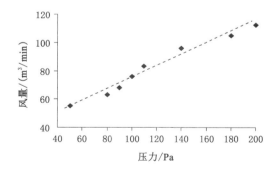

图 8-46 38004 运输巷掘进巷道借风时压力与风量变化曲线图

8.6.3 掘进巷道全风压借风装置使用效果

(1) 38004 准备面运输、回风巷 2 个掘进巷道两次借风时间分别为 40 min 和 8 d,回风侧瓦斯浓度分别增加 0.03%、0.04% 和 0.05%、0.06%。73004 准备面运输、回风巷 2 个掘进工作面借风 65 min,运输巷回风侧瓦斯浓度增加 0.3%、回风巷回风侧瓦斯浓度没有变化。4 个掘进工作面没出现瓦斯积聚现象,现有掘进面在突发局部通风机停运时利用全风压借风装置借风能够保证不会出现瓦斯积聚现象。

(2) 73004 运输巷掘进巷道由于外侧有旧巷瓦斯涌出,借风 65 min,借风风量占局部通风机供风风量的 32.8%,瓦斯浓度增加了 0.3%,采用借风时回风侧有可能出现瓦斯超限现象,借风时必须对旧巷采取抽采措施。

(3) 在借风状态下,38004、73004 准备面掘进巷道 2 个借风门风压分别为 140 Pa (245 Pa)、190 Pa;38004 运输、回风巷和 73004 运输、回风巷掘进面供风量分别为 79 m³/min(100 m³/min)、98 m³/min(120 m³/min)、176 m³/min、176 m³/min;4 个掘进巷道借风量占局部通风机供风风量的 30.4%～56.8%,掘进面借风状态下能满足非生产需要,不能满足生产需要。

(4) 从第三次 38004 运输巷掘进面全风压借风装置压力与风量变化测定中可以看出,风量随着风压增加而增大,风压与风量变化呈近似直线变化关系,其斜率 k 为:

$$k = \tan \alpha = \frac{112 - 55}{200 - 50} = 0.38 \tag{8-22}$$

风压与风量关系式为:

$$q = kp + b \tag{8-23}$$

将 $p=200$、$q=112$ 代入式(8-23)中,常数 b 为:

$$b = q - kp = 36 \tag{8-24}$$

式中　　q——借风风量,m³/min;

　　　　p——借风门压差,Pa;

　　　　k——系数(直线斜率 $\tan \alpha$),该掘进面为 0.38;

　　　　b——常数,该掘进面取 36。

(5) 由于 38003 采面与 38004 准备面并联通风(共用入、回风巷道),2009 年 8 月 31 日 38004 准备面掘进巷道借风时,38003 采面风量增加了 106%(借风前为 482 m³/min,借风时为 993 m³/min),影响了 38004 准备面掘进巷道借风效果。为此,10 月 1 至 8 日 38004 准备面掘进巷道借风期间,在 38003 采面运输巷设置一道风量控制门,38004 准备面掘进巷道借风门压差由第一次借风时的 140 Pa 提高到第二次的 245 Pa,运输、回风巷掘进巷道借风量分别由第一次的 79～98 m³/min 增加到第二次的 100～120 m³/min,提高了 38004 准备面掘进巷道借风效果。所以,掘进巷道采用借风时必须对相邻并联巷道采取控制风量措施,提高掘进巷道的借风效果。

(6) 73004 准备面掘进巷道借风门是在煤巷中用风筒布建成的简易临时风门,借风时漏风大,影响借风效果。所以,掘进巷道应在岩石巷道中构筑永久借风门,并预设铁风筒,提高掘进巷道借风效果。

(7) 38004、73004 准备面掘进巷道借风时借风门压差分别为 140 Pa(245 Pa)、190 Pa,与局部通风机供全压 440～5 030 Pa(2×15 kW)、360～6 300 Pa(2×30 kW)相比小得多。而且,借风风量占局部通风机供风风量的 30.4%～56.8%,减少了 69.6%～43.2%,掘进巷道末端风筒口与工作面距离借风时不能满足局部通风机正常供风需要。所以,掘进巷道借风时必须在风筒末端接设风筒,将末端风筒口与工作面距离由正常状态的 5～15 m 缩短到 5 m 以内。

(8) 38004、73004 准备面用借风风筒控制借风,操作不方便,应在借风口上设置挡板,控制借风。

8.6.4　通风系统改造基本认识

(1) 全风压借风装置已在老虎台矿井下掘进工作面全面推广应用,基本保证了突发局部通风机停运和冲击地压诱发瓦斯异常涌出后不出现瓦斯积聚。

(2) 有旧巷存在条件下的掘进工作面采用借风装置时,回风侧有可能出现瓦斯超限现象,借风时必须同时对旧巷实施抽采措施。

(3) 掘进工作面在借风状态下,工作面借风量只能满足非生产用风需要,不能作为正常生产时用风。

(4) 掘进面借风时,掘进面借风量随着借风门风压增加而增大,风压与风量变化呈近似直线变化关系。

(5) 掘进巷道应在岩石巷道中构筑永久借风门,预设铁风筒,并在借风口设置挡板,提高借风门借风效果。

(6) 掘进巷道采用借风时,风筒末端出风口与工作面距离必须在 5 m 以内,并且必须在相邻并联巷道采取控制风量措施,以提高掘进工作面借风效果。

总体而言,在煤矿井下掘进工作面利用该借风技术,可有效解决掘进工作面在局部通风机因故停运实现连续供风的问题,以防止瓦斯超限或积聚,减少了排瓦斯程序。自然发火严重、冲击地压频发,特别是冲击地压诱发瓦斯异常涌出的矿井,对杜绝瓦斯爆炸事故更有其实际意义。此技术操作简捷、效果好、成本低,具有良好的推广应用价值。

8.7　冲击-突出双危煤层灾变机理对工程应用的指导意义

(1) 现场工程案例在 0.6 MPa 瓦斯压力、0.4 MPa 氮气压力和数值试验 0.4 MPa 气体压力条件下,承压煤样在应力-应变-渗流场耦合作用下可以灾变为气体非稳态渗流灾变。现场多表现为瓦斯异常涌出超限,严重时可发生煤与瓦斯突出。试验表现为气流伴有煤粒快速喷出。对于冲击-突出双危煤层,应强化瓦斯抽采,残余瓦斯压力应以小于 0.6 MPa、残余瓦斯含量小于 6 m^3/t 为宜。

(2) 在防突措施扰动下,稳压区煤层的裂隙已不再是原生状态,而是有大量次生裂隙产生。这为瓦斯解吸游离创造了条件,可局部富集,是瓦斯异常涌出或突出的发动区。

(3) 高应力条件下含瓦斯煤层灾变机理为:承压煤岩弹性变形前期,气体基本沿原生裂隙和孔隙呈常速稳态渗流;弹性变形后期,原生裂隙和孔隙被压密,气体呈减速稳态渗流。屈服阶段,扩容新生裂隙产生,气体呈加速非稳态渗流;达到极限荷载或峰后不久,封堵气体的煤墙破裂失稳,气体非稳态快速喷出灾变。

(4) 单自由度边界条件下,承压煤样发生屈服强度软化-压密强度硬化,继续表现为弹性的现象,从而可以积累超出煤样单轴压载积累的应变能,煤样破坏有剩余能量,搬运煤样做功,发生冲击失稳,诱导气体喷出。现场掘进头和采面中部相当于试验的单自由度边界条件,条件适合情况下软煤可能强度硬化,改变煤岩力学行为,从而发生冲击灾变。

(5) 采动应力作用下,煤层增压区压密、闭气,稳压区的瓦斯解吸、游离、富集,增压区超载→失稳破裂→卸载→打开瓦斯渗流通道过程,特别是冲击地压动载作用下快速打开煤墙封闭瓦斯的通道,是导致消突煤层发生低指标瓦斯灾变的主要原因。

（6）正常通风条件下,气流中瓦斯浓度持续降低,是发生瓦斯异常涌出的警示信息,大概率随后发生瓦斯异常涌出或复合冲击地压,应引起高度重视。掘进工作面 T_1 瓦斯传感器对此项指标比较敏感,采煤工作面 T_0、T_1 瓦斯传感器对此项指标比较敏感,应重点监控这些部位。监控的指标为低于正常涌出量的百分比和持续时间。掘进、采煤工作面的指标阈值不同,矿井、煤层、工作面条件对指标阈值也有影响,需要有更多的案例对这两项指标阈值进行判定。

（7）煤巷底鼓。突出煤层采掘时,底鼓即使未达到破坏巷道和冲击地压的程度,其过程也可导致瓦斯灾害低指标发生,应引起重视。

（8）在技术不断进步和管理不断规范的情况下,煤与瓦斯突出灾害已得到卓有成效的遏制,但瓦斯异常涌出超限及其发生机理比较复杂,容易被忽视,它是瓦斯灾害的潜在隐性灾源,应引起重视。掘进巷道改善通风系统,确保其可以应对突发瓦斯异常涌出。

（9）采矿过程中,煤（岩）、瓦斯动力现象会表现出特征深度分区,体现出一些临界深度或特征深度。这些由性质不同动力现象揭示的特征深度,实质反映的是煤（岩）、瓦斯对采动的力学行为的响应。装备微震、瓦斯等监测系统,注意观察和分析这些特征深度,对于及时调整动力灾害防治策略有重要的指导作用。

（10）单个强矿震的震源机制解答反映局部应力释放特征,足够数量的强矿震的震源机制解答,则能反映出采动应力场的动态演化特征,对制定动力灾害防治策略有重要的指导作用。

（11）在采动顶板破断监测预警时,高速开采等效高速加载,将导致前兆预警时间缩短,前兆微破裂和峰值破裂数量较少,需要破断的载荷越大,积累的应变能越大,一次性释放的应变能较高,高速开采将导致顶板破断危险性可预测性降低。而低速开采可加长前兆预警时间,前兆微破裂和峰值破裂数量较多,积累的应变能减少,一次性释放的应变能较低,有利于危险性预测预警和岩石低能量破断。合理控制开采速度,可增强顶板破断的可预测性,降低顶板破断能量的释放,也是控制顶板破断冲击灾害的新途径。

（12）冲击地压严重的冲击-突出双危工作面,需要改善支护方式,提高支护强度,强化对冲击地压的防护能力。

参 考 文 献

[1] 阿维尔申. 冲击地压[M]. 朱敏,汪伯煜,韩金祥,译. 北京:煤炭工业出版社,1959.

[2] 布霍依诺. 矿山压力和冲击地压[M]. 李玉生,译. 北京:煤炭工业出版社,1985.

[3] 邵会文. 辽宁省北票市地质灾害调查与区划报告[R/OL]. (2009-04-22)[2021-05-02]. https://www.ngac.cn/dzzlfw_sjgl/d2d/dse/category/detail.do? method＝cdetail&_ id＝102_118777&tableCode＝ty_qgg_edmk_t_ajxx&categoryCode＝dzzlk.

[4] 张凤鸣,余中元,许晓艳,等. 鹤岗煤矿开采诱发地震研究[J]. 自然灾害学报,2005,14 (1):139-143.

[5] 郑乃国,万清生,于超. 矿区煤岩动力灾害内在关联性分析[J]. 陕西煤炭,2013,32(2): 41-43.

[6] 李铁,蔡美峰,王金安,等. 深部开采冲击地压与瓦斯的相关性探讨[J]. 煤炭学报,2005, 30(5):562-567.

[7] 孙学会,李铁. 深部矿井复合型煤岩瓦斯动力灾害防治理论与技术[M]. 北京:科学出版 社,2011.

[8] 国家安全生产监督管理总局,国家煤矿安全监察局. 关于辽宁省阜新矿业(集团)有限责 任公司孙家湾煤矿海州立井"2·14"特别重大瓦斯爆炸事故调查处理情况的通报 [R/OL]. (2005-05-16)[2021-09-05]. https://www.mem.gov.cn/gk/sgcc/tbzdsgd-cbg/2005/200505/t20050517_245289.shtml.

[9] 林士良,马春笑,王广杰. 深井煤巷掘进冲击地压与瓦斯突出综合防治技术[J]. 中州煤 炭,2009(7):83-85.

[10] 张福旺,李铁. 深部开采复合型煤与瓦斯动力灾害的认识[J]. 中州煤炭,2009(4): 73-76.

[11] 孟贤正,汪长明,唐兵,等. 具有突出和冲击地压双重危险煤层工作面的动力灾害预测 理论与实践[J]. 矿业安全与环保,2007,34(3):1-4.

[12] 李化敏,韩俊效,熊祖强,等. 深部开采复杂动力现象分析及其防治[J]. 煤炭工程, 2010,42(7):40-41.

[13] 韦黎平,杨伟. 复合动力灾害条件下"六位一体"综合防突技术研究[J]. 华东科技(学术 版),2012(7):387-388.

[14] 李铁,梅婷婷,李国旗,等. "三软"煤层冲击地压诱导煤与瓦斯突出力学机制研究[J]. 岩石力学与工程学报,2011,30(6):1283-1288.

[15] 吴凯. 冲击地压诱发煤与瓦斯突出的灾害分析[J]. 中州煤炭,2013(6):104-106.

[16] A.T.艾鲁尼. 煤矿瓦斯动力现象的预测和预防[M]. 唐修义,宋德淑,王荣龙,等译. 北 京:煤炭工业出版社,1992.

[17] 邹德蕴,刘先贵.冲击地压和突出的统一预测及防治技术[J].矿业研究与开发,2002,22(1):16-19.

[18] 潘一山,李忠华,唐鑫.阜新矿区深部高瓦斯矿井冲击地压研究[J].岩石力学与工程学报,2005,24(S1):5202-5205.

[19] OGIEGLO K,LUBRYKA M,KUTKOWSKI J,et al.矿山震动对工作面瓦斯涌出量的影响[J].矿山压力与顶板管理,2005,22(2):109-111.

[20] LI T,CAI M F,CAI M. A review of mining-induced seismicity in China[J]. International journal of rock mechanics and mining sciences,2007,44(8):1149-1171.

[21] 李忠华.高瓦斯煤层冲击地压发生理论研究及应用[D].阜新:辽宁工程技术大学,2007.

[22] 赵旭生."低指标突出现象"原因分析及防范对策[J].煤矿安全,2007,38(5):67-69.

[23] 和雪松,李世愚,潘科,等.矿山地震与瓦斯突出的相关性及其在震源物理研究中的意义[J].地震学报,2007,29(3):314-327.

[24] 李世愚,和雪松,潘科,等.矿山地震、瓦斯突出、煤岩体破裂:煤矿安全中的科学问题[J].物理,2007,36(2):136-145.

[25] 吕有厂.突出煤层掘进巷道冲击地压防治技术[J].煤炭科学技术,2008,36(4):43-46.

[26] 胡千庭,周世宁,周心权.煤与瓦斯突出过程的力学作用机理[J].煤炭学报,2008,33(12):1368-1372.

[27] 王振,尹光志,胡千庭,等.高瓦斯煤层冲击地压与突出的诱发转化条件研究[J].采矿与安全工程学报,2010,27(4):572-575.

[28] 梁冰,李野.不同掘进工艺煤与瓦斯流固耦合数值模拟研究[J].防灾减灾工程学报,2011,31(2):180-184.

[29] 尹光志,李晓泉,赵洪宝,等.地应力对突出煤瓦斯渗流影响试验研究[J].岩石力学与工程学报,2008,27(12):2557-2561.

[30] 尹光志,蒋长宝,李晓泉,等.突出煤和非突出煤全应力-应变瓦斯渗流试验研究[J].岩土力学,2011,32(6):1613-1619.

[31] 尹光志,蒋长宝,王维忠,等.不同卸围压速度对含瓦斯煤岩力学和瓦斯渗流特性影响试验研究[J].岩石力学与工程学报,2011,30(1):68-77.

[32] 尹光志,李文璞,李铭辉,等.不同加卸载条件下含瓦斯煤力学特性试验研究[J].岩石力学与工程学报,2013,32(5):891-901.

[33] 尹光志,秦虎,黄滚.不同应力路径下含瓦斯煤岩渗流特性与声发射特征实验研究[J].岩石力学与工程学报,2013,32(7):1315-1320.

[34] 谢广祥,胡祖祥,王磊.工作面煤层瓦斯压力与采动应力的耦合效应[J].煤炭学报,2014,39(6):1089-1093.

[35] 赵跃飞.大雁煤业公司二矿"11·25"特别重大瓦斯爆炸事故剖析及防范对策[J].内蒙古煤炭经济,2001(3):36-38.

[36] 啜永清,赵文星,庞云峰,等.山西煤矿瓦斯爆炸与昆仑山口西8.1级地震关系的研究[J].山西地震,2003(4):6-13.

[37] 梁汉东.山西5起小煤矿瓦斯爆炸与青海8.1级地震有关吗?[J].科学技术与工程,

2003,3(2):197-200.

[38] 郑文涛,汪涌,王璐.煤矿瓦斯灾害中地震活动因素探讨[J].中国地质灾害与防治学报,2004,15(4):54-59.

[39] 陈波,郑文涛,梁汉东,等.地震活动与煤矿瓦斯溢出事故之间的影响关系[J].煤炭学报,2005,30(4):447-450.

[40] 封富,姜丽新,张勇.淮南地区地震和煤与瓦斯突出相关性研究[J].辽宁工程技术大学学报(自然科学版),2005,24(1):45-47.

[41] 李铁,蔡美峰.地震诱发煤矿瓦斯灾害成核机理的探讨[J].煤炭学报,2008,33(10):1112-1116.

[42] LI T,CAI M F,CAI M. Earthquake-induced unusual gas emission in coalmines:a km-scale in situ experimental investigation at Laohutai mine[J]. International journal of coal geology,2007,71(2/3):209-224.

[43] 国家安全生产监督总局.煤与瓦斯突出矿井鉴定规范:AQ 1024—2006[S].北京:煤炭工业出版社,2006.

[44] 国家煤矿安全监察局.防治煤矿冲击地压细则[M].北京:煤炭工业出版社,2018.

[45] 煤炭科学研究总院开采设计研究分院.冲击地压测定、监测与防治方法 第1部分:顶板岩层冲击倾向性分类及指数的测定方法:GB/T 25217.1—2010[S].北京:中国标准出版社,2010.

[46] 中国煤炭工业协会.冲击地压测定、监测与防治方法 第2部分:煤的冲击倾向性分类及指数的测定方法:GB/T 25217.2—2010[S].北京:中国标准出版社,2011.

[47] HOLLOMON J H. The effect of heat treatment and carbon content on the work hardening characteristics of several steel[J]. Transactions of ASM,1944,32:123-133.

[48] BRO A. Analysis of multistage triaxial test results for a strain-hardening rock[J]. International journal of rock mechanics and mining sciences,1997,34(1):143-145.

[49] 唐明明,王芝银,丁国生.淮安盐岩及含泥质夹层盐岩应变全过程试验研究[J].岩石力学与工程学报,2010,29(S1):2712-2719.

[50] 殷德顺,和成亮,陈文.岩土应变硬化指数理论及其分数阶微积分理论基础[J].岩土工程学报,2010,32(5):762-766.

[51] 王迎超,尚岳全,严细水,等.降雨作用下浅埋隧道松散围岩塌方机制[J].哈尔滨工业大学学报,2012,44(2):142-148.

[52] 王俊颜,耿莉萍,郭君渊,等.UHPC的轴拉性能与裂缝宽度控制能力研究[J].哈尔滨工业大学学报,2017,49(12):165-169.

[53] 李铁.软煤应变强度硬化冲击灾变[J].哈尔滨工业大学学报,2019,51(2):84-89.

[54] 国家煤矿安全监察局.防治煤与瓦斯突出细则[M].北京:煤炭工业出版社,2019.

[55] 佩图霍夫.冲击地压和突出的力学计算方法[M].段克信,译.北京:煤炭工业出版社,1994.

[56] 朱月明.瓦斯突出的动力现象与防治措施[J].西安科技学院学报,2002(4):378-380.

[57] 李铁.承压煤岩低气压渗流灾变[J].哈尔滨工业大学学报,2019,51(4):146-152.

[58] 袁瑞甫,魏晓,史博文.煤岩瓦斯复合型动力灾害预测及防治技术[J].中国科技成果,

2017(19):42-44.

[59] 李铁,皮希宇.深部煤层低瓦斯耦合灾变机制[J].煤炭学报,2019,44(4):1107-1114.

[60] WU Z Z,LI T,HU X W. Research on gas percolation and catastrophe behaviour of gas-bearing coal under low index[J]. International journal of oil,gas and coal technology,2020,25(1):41.

[61] FAIRHURST C. Deformation,yield,rupture and stability of excavations at great depth[M]. Rotterdam:Balkema,1990:1103-1114.

[62] MALAN D F,SPOTTISWOODE S M. Time-dependent fracture zone behavior and seismicity surrounding deep level stopping operations[M]. Rotterdam:Balkema, 1997:173-177.

[63] SELLERS E J,KLERCK P. Modelling of the effect of discontinuities on the extent of the fracture zone surrounding deep tunnels[J]. Tunnelling and underground space technology,2000,15(4):463-469.

[64] 徐则民,黄润秋,王士天.隧道的埋深划分[J].中国地质灾害与防治学报,2000,11(4): 5-10.

[65] 景海河.深部工程围岩特性及其变形破坏机制研究[D].北京:中国矿业大学(北京),2002.

[66] 梁政国.煤矿山深浅部开采界线划分问题[J].辽宁工程技术大学学报(自然科学版), 2001,20(4):554-556.

[67] 钱七虎.深部岩体工程响应的特征科学现象及"深部"的界定[J].东华理工学院学报, 2004,27(1):1-5.

[68] 何满潮.深部的概念体系及工程评价指标[J].岩石力学与工程学报,2005,24(16): 2854-2858.

[69] 李铁,蔡美峰,纪洪广.抚顺煤田深部开采临界深度的定量判别[J].煤炭学报,2010,35 (3):363-367.

[70] 李铁,蔡美峰,蔡明.采矿诱发地震三个特征震源深度的探讨[J].岩石力学与工程学报,2007,26(8):1546-1552.

[71] 国家煤矿安全监察局人事司.全国煤矿特大事故案例选编[M].北京:煤炭工业出版社,2000.

[72] 车用太,谷元珠,鱼金子,等.昆仑山口西8.1地震前地下流体的远场异常及其意义[J].地震,2002,22(4):106-113.

[73] 车用太,鱼金子.地下流体的源兆、场兆、远兆及其在地震预报中的意义[J].地震, 1997,17(3):283-289.

[74] RICE J R,RUINA A L. Stability of steady frictional slipping[J]. Journal of applied mechanics,1983,50(2):343-349.

[75] DIETERICH J H. Time-dependent friction and the mechanics of stick-slip[J]. Pure and applied geophysics,1978,116(4/5):790-806.

[76] DIETERICH J H. Earthquake nucleation on faults with rate- and state-dependent strength[J]. Tectonophysics,1992,211(1/2/3/4):115-134.

［77］OHNAKA M. Earthquake source nucleation:a physical model for short-term precursors［J］. Tectonophysics,1992,211(1/2/3/4):149-178.

［78］冯德益,潘琴龙,郑斯华,等.长周期形变波及其所反应的短期和临震地震前兆［J］.地震学报,1984,6(1):41-57.

［79］MONASTERSKY R. Before the quake:detecting the slow groan［J］. Science news,1994,146(23):374.

［80］许绍燮.大尺度地层内的分层运动［J］.中国工程科学,2006,8(6):14-22.

［81］许绍燮,王春珍.地层大尺度运动的一次记录［J］.国际地震动态,2006,36(8):1-5.

［82］RIDE H F. The machanism of the earthquake, in the California earthquake of April 18,1906［R］. Report of the state earthquake investigation commission,1910.

［83］NAKANO H. Note on the nature of the forces which gave rise the earthquake motions［R/OL］.［2018-05-20］. https://www.doc88.com/p-9384464249228.html.

［84］中国地震局监测预报司.地震参数:数字地震学在地震预测中的应用［M］.北京:地震出版社,2003.

［85］李铁,蔡美峰,左艳,等.采矿诱发地震的震源机制特征:以辽宁省抚顺市老虎台煤矿为例［J］.地质通报,2005,24(2):136-144.

［86］李铁,蔡美峰,孙丽娟,等.基于震源机制解的矿井采动应力场反演与应用［J］.岩石力学与工程学报,2016,35(9):1747-1753.

［87］李铁.采矿诱发地震机理及其安全对策的研究［D］.北京:北京科技大学,2007.

［88］李铁,王金安,刘军.深部采动断层异变的强制逆冲机制［J］.岩石力学与工程学报,2014,33(S2):3760-3765.

［89］北京科技大学,抚顺市地震局,抚顺老虎台矿,等.抚顺老虎台矿开采引发矿震问题的研究［R］.北京:北京科技大学,2001.

［90］李铁,倪建明,李忠凯.采动岩体强矿震破裂机制反演及其防治对策［J］.采矿与安全工程学报,2016,33(6):1110-1115.

［91］李铁,李柯萱,皮希宇,等.弯载下砂岩声发射特征值时间效应［J］.煤炭学报,2018,43(11):3115-3121.

［92］WANG H B,LI T,ZOU Q L,et al. Influences of path control effects on characteristics of gas migration in a coal reservoir［J］. Fuel,2020,267:117212.

［93］LI K X,LI T. Three point bending feature of sandstone based on acoustic emission［J］. IOP conference series-earth and environmental science,2018,108(3):032061.

［94］李柯萱,李铁.不同加载速率下砂岩弯曲破坏的细观机理［J］.爆炸与冲击,2019,39(4):108-115.